Essai de vieillissement accéléré pour les compteurs électriques

Ahmed Abdesselem

Essai de vieillissement accéléré pour les compteurs électriques

Application de la contrainte Température/Humidité sur les compteurs d'énergie électrique

Éditions universitaires européennes

Impressum / Mentions légales
Bibliografische Information der Deutschen Nationalbibliothek: Die Deutsche
Nationalbibliothek verzeichnet diese Publikation in der Deutschen
Nationalbibliografie; detaillierte bibliografische Daten sind im Internet über
http://dnb.d-nb.de abrufbar.

Information bibliographique publiée par la Deutsche Nationalbibliothek: La
Deutsche Nationalbibliothek inscrit cette publication à la Deutsche
Nationalbibliografie; des données bibliographiques détaillées sont
disponibles sur internet à l'adresse http://dnb.d-nb.de.

Coverbild / Photo de couverture: www.ingimage.com

Verlag / Editeur:
Éditions universitaires européennes
ist ein Imprint der / est une marque déposée de
OmniScriptum GmbH & Co. KG
Heinrich-Böcking-Str. 6-8, 66121 Saarbrücken, Deutschland / Allemagne
Email: info@editions-ue.com

Herstellung: siehe letzte Seite /
Impression: voir la dernière page
ISBN: 978-613-1-56245-7

Table des matières

Liste des figures

Liste des tableaux

Glossaire

A : Constante utilisée dans le modèle de contraintes de durée de vie.

AccThr : Seuil d'acceptation.

AF : Facteur d'accélération.

ALT : Accelerated Life Testing.

CL : Niveau de confiance.

Ea : Energie d'activation en électron-volts.

F(t) : Fonction de défaut de fiabilité.

f(t) : Fonction de densité de probabilité (pdf) de la durée (de fonctionnement) avant défaillance.

UF : unité de fabrication.

k : Constante de Boltzman ($8,617 \times 10-5$ eV/K).

n : Caractéristique exponentielle du produit (dans le modèle de température-humidité de Peck).

N : Nombre d'entités soumises à un essai de fiabilité.

p : Nombre d'entités faisant l'objet d'une défaillance à la fin de l'essai de fiabilité.

pdf : Fonction de densité de probabilité.

r : Vitesse de réaction (dans le modèle d'Arrhénius).

r0 : Constante (du modèle d'Arrhénius).

RH : Pourcentage d'humidité relative.

RHs : Pourcentage d'humidité relative dans des conditions de contraintes.

RHu : Pourcentage d'humidité relative dans des conditions d'utilisation normale.

SQME : service qualité/métrologie et environnement.

t : Durée de fonctionnement avant défaillance en heures.

T : Température de réaction en K.

ts : Durée de fonctionnement avant défaillance à la température de contrainte Ts.

Ts : Température de contrainte.

TTF5i : Durée de fonctionnement avant défaillance correspondant à U5i.

TTF95i : Durée de fonctionnement avant défaillance correspondant à U95i.

TTFi : Durée de fonctionnement détectée avant défaillance de l'ième entité.

tu : Durée de fonctionnement avant défaillance à la température d'utilisation normale Tu.

Tu : Température d'utilisation normale.

Introduction générale

La fiabilité est devenue un élément essentiel pour les enjeux de sécurité et de performance des entreprises. De nombreuses difficultés se posent aux industriels qui veulent estimer la fiabilité d'un produit : la nature du produit, la taille du retour d'expérience et sa nécessaire validation avant tout usage et l'effet perturbateur de la maintenance préventive qui vise à réduire la probabilité de défaillance.

Des recherches scientifiques approfondies de fiabilité et des essais de vieillissement ont été faits depuis les années 1970 aux Etats-Unis. Leurs utilisations ont été initialement limitées aux équipements militaires. Par la suite, au cours des années 90, de nombreux fabricants dans différents autres domaines (aéronautique, automobile, ferroviaire, spatial, nucléaire...) ont développé des programmes de fiabilité afin d'améliorer la qualité de leurs produits et de réduire les coûts de garantie. C'est dans ce contexte que s'inscrit notre projet de fin d'études au sein de SAGEMCOM Tunisie/service métrologie et qui consiste à appliquer des essais de vieillissement de type ALT (Accelerated Life Testing) afin d'évaluer la durée de vie des équipements de comptage (compteurs d'énergie électrique, les terminaux électroniques de comptage,...) soumis à des contraintes spécifiques. La démarche doit être réalisée vis-à-vis des risques de défaillance par exposition à des contraintes extrêmes.

Le présent rapport est scindé en quatre chapitres :

• le premier chapitre comporte une présentation de la société d'accueil et de ses différents services et secteurs d'activités, une description du produit ainsi qu'une présentation du cahier des charges à exécuter dans le cadre de notre projet.

• le deuxième chapitre rappelle la notion de fiabilité, les principaux essais de fiabilité et les lois nécessaires d'estimation de celle-ci.

Un intérêt particulier sera réservé aux essais de vieillissement accéléré qui peuvent être appliqués sous plusieurs types de contraintes et qui nous permettent d'identifier les différents mécanismes de défaillance du produit sous tests.

• le troisième chapitre décrit les techniques d'application des essais de vieillissement de type ALT (Accelerated Life Testing).

• le quatrième chapitre présente les éléments nécessaires à construire un banc d'essai de type ALT qui sert à évaluer la durée de vie des compteurs d'énergie électrique de référence C1000 soumis à la contrainte chaleur-humide ainsi que l'application logicielle qui nous permettra de gérer le banc de test, d'effectuer les calculs nécessaires et d'analyser les résultats d'estimation de la fiabilité des compteurs dans les conditions d'utilisation normale.

Chapitre I : Environnement de travail et cahier des charges

Plan

Introduction
I. Présentation de SAGEMCOM groupe
II. Aperçu sur la société SAGEMCOM Tunisie Ben Arous
III. Service métrologie-UF des compteurs d'énergie
   électrique
IV. Problématiques et cahier des charges
Conclusion

Introduction

Nous nous intéressons au cours de ce chapitre à la présentation de la société d'accueil SAGEMCOM Tunisie et notamment le laboratoire métrologie, au sein duquel s'est déroulé notre projet de fin d'études. Nous procédons également dans cette partie à la présentation du cahier des charges à exécuter.

I. Présentation de SAGEMCOM groupe

SAGEMCOM est un groupe français spécialisé dans le domaine de la haute technologie à dimension internationale issu de la branche Communications de l'ex SAGEM. C'est aujourd'hui un groupe privé indépendant détenu principalement par The Carlyle Group et ses salariés.

Ayant acquis des positions de premier plan grâce à son fort potentiel d'innovation, SAGEMCOM affirme son ambition de devenir un des leaders mondiaux des terminaux Haut débit, de l'Energie. La **Figure 1** illustre la répartition des activités de SAGEMCOM en termes de chiffre d'affaires.

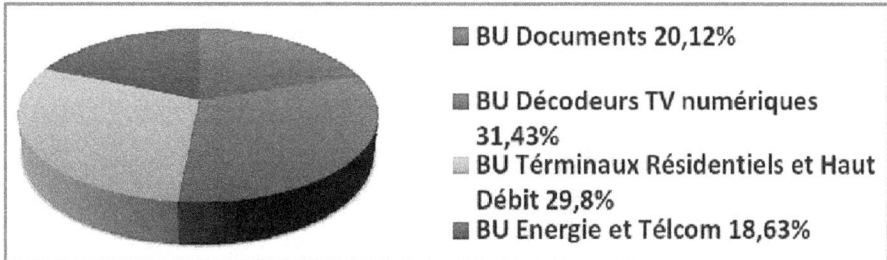

BU Documents 20,12%

BU Décodeurs TV numériques 31,43%

BU Términaux Résidentiels et Haut Débit 29,8%

BU Energie et Télcom 18,63%

Figure 1 : Répartition des activités de SAGEMCOM

Le groupe SAGEMCOM est présent dans plus de 40 pays à travers d'une soixantaine d'entités.

La **Figure 2** donne l'implantation géographique du groupe à travers le monde.

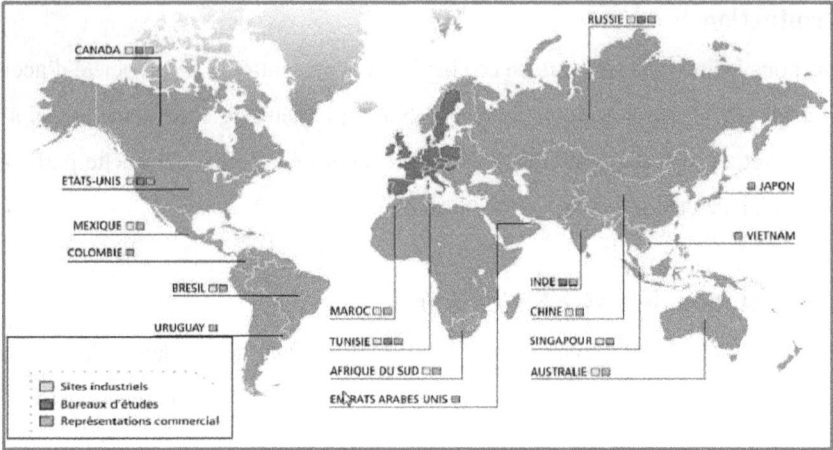

Figure 2 : L'implantation géographique du groupe SAGEMCOM à travers le monde

SAGEMCOM affirme son ambition de devenir un des leaders mondiaux des terminaux communicants à forte valeur ajoutée.

II. Aperçu sur la société SAGEMCOM Tunisie Ben Arous

La filiale SAGEMCOM Tunisie est une Société Anonyme à Responsabilité Limitée (SARL), au capital de 50 000 Dinars, créée en décembre 2002 et inscrite au Registre du commerce de TUNIS sous le numéro: B158742 002. Elle est une société totalement exportatrice non résidente qui opère dans le domaine de la communication, du partenariat industriel, de l'énergie, de l'audiovisuel, de l'impression, du traitement et de la transmission numérique de l'information.

II.1. Agréments Qualité

Dans le cadre de la démarche globale de management de l'entreprise, SAGEMCOM Tunisie a réussi en 2008 avec succès la triple certification ISO 9001 pour la Qualité, ISO 14001 pour l'Environnement et OHSAS18001 pour la Sécurité et la Santé au Travail.

II.2. Domaines d'activités et principaux clients

SAGECOM Tunisie est une société totalement exportatrice qui fabrique une large gamme de produits en grande et moyenne série qui sont essentiellement :

• des cartes électroniques pour applications électroménager (Fagor, Bosch, Brandt…)

• des cartes électroniques pour sécurité énergie nucléaire (Alstom, Areva)

• des cartes électroniques pour applications industrielles (Schneider, Alstom…)

• des consommables pour des terminaux d'impression

• des équipements pour maîtrise de l'énergie électriques (EDF, STEG, ENEL…)

• des modems et Routeurs ADSL (Orange, France Télécom, Bouygues Télécom, Danemark Télécom, Plant, Top net, British télécom …)

• des décodeurs TV (Canal Digital, France télécom, Canal+...)

Les principaux clients de SAGEMCOM Tunisie sont présentés à la **Figure 3.**

Figure 3 : Principaux clients de SAGEMCOM Tunisie

II.3. Unités de fabrication

Les différentes unités de fabrication de SAGEMCOM Tunisie sont :

- l'UF Compteurs : fabrique des compteurs d'énergie.

- l'UF RGW (ReGateWay): réalise des cartes électroniques modem

- l'UF Décodeur : produit des cartes électroniques dédiées aux décodeurs (**Figure 4**).

Figure 4 : Photographie d'une unité de fabrication (UF compteurs)

II.4. Présentation des services de SAGEMCOM

Les différents services de SAGEMCOM Tunisie sont:

- service qualité/métrologie et environnement (SQME) : qui a pour mission le Management de la Qualité et de l'Environnement en support à la qualité des produits des UF et la gestion de la documentation du SQME ainsi que la gestion métrologique des équipements de contrôle, mesure et essais.

- service industriel : qui gère la maintenance de l'outil de production et des bâtiments.

- service des méthodes/process : ce service a pour rôle de maîtriser les procédés de fabrication, ainsi il contribue à l'amélioration de l'industrialisation des produits.

- service de gestion informatique, qui contrôle les moyens informatiques et assure la comptabilité des fournisseurs.

- service de ressources humaines, qui s'occupe de la paie et de la gestion administrative ainsi que des recrutements et de la médecine de travail.

- service de formation, qui a pour mission essentiellement l'intégration des nouveaux embauchés tout en assurant la planification, la réalisation et le suivi des formations.

- service administratif (douane) : ce service a pour rôle la réalisation des déclarations import/export et le suivi administratif avec la Douane Tunisienne, ainsi que le suivi de la comptabilité de tous les produits.

- service Test, qui est chargé de la maintenance et de l'amélioration des performances des moyens de test. Il existe un service par usine.

II.5. Présentation des différentes phases de fabrication d'un produit

La fabrication d'un produit passe par les étapes de production suivantes :

- la réalisation de cartes électroniques
- l'intégration des composants traversant et des caches du produit
- le test des cartes électroniques (Test In Situ et Fonctionnel)
- le contrôle Qualité final
- l'expédition des produits

II.5.1. Réalisation des cartes électroniques

La réalisation des cartes électroniques est essentiellement basée sur des lignes CMS (composant montés en surface) et les processus de refusions et de polymérisation.

II.5.2. Intégration des composants traversant

Cette étape consiste à intégrer manuellement tous les constituants (composants traversant, coques plastiques etc..) permettant de finaliser le produit (carte électronique ou produit fini). Elle peut aussi s'accompagner d'une personnalisation propre au client (logiciel client, emballage, livrets d'utilisation etc.).

II.5.3. Test des cartes électroniques

C'est le service support de la production sur tout l'aspect de test des cartes : il englobe un pôle Test IN-SITU et un pôle Test Fonctionnel.

L'objectif de cette étape est de contrôler et maîtriser la qualité des produits fabriqués par deux grandes phases de test :

• *phase Test in-situ* : Ce test est réalisé sur les cartes électroniques et permet de contrôler la valeur, la présence et le sens des composants posés lors des phases précédentes. Les moyens de test in situ sont variés et permettent de répondre aux exigences clients.

• *phase test fonctionnel et sécurité* : Ce test est réalisé sur le produit fini (intégré). Il permet de simuler le fonctionnement du produit dans les conditions d'utilisation prévues. Les moyens de test fonctionnels sont développés en collaboration avec les Unités de Recherche et Développement et le Client sur spécification de test.

III. Service métrologie-UF des compteurs d'énergie électrique

Au niveau du service métrologie de l'énergie, des essais s'effectuent afin d'assurer la bonne qualité des équipements de comptage électrique fabriqués. Des interventions et des améliorations nécessaires sont appliquées afin de répondre aux exigences clients et/ou règlementaires.

Les principaux tests de vérification au sein de ce service, pour la mise en œuvre des matériaux utilisés à la fabrication des compteurs, se résument en cinq essais :

✓ essai diélectrique

✓ essai marche à vide

✓ essai de démarrage

✓ essai constante du compteur

✓ essai en charge

III.1. Aperçu sur les compteurs d'énergie SAGEMCOM C 1000

Le compteur SAGEMCOM C1000 (**Figure 5**) est un compteur électronique monophasé multi-tarif destiné aux clients qui ont souscrit un contrat correspondant à la tarification "Tarif bleu" d'EDF. Il dispose des fonctionnalités suivantes :

• mesure de l'énergie active délivrée en monophasé pour des puissances souscrites allant jusqu'à 18 kAV. 6 index permettent d'enregistrer l'énergie de 6 périodes tarifaires différentes.

• mesure de l'intensité instantanée, de la puissance instantanée et de la puissance apparente.

• prise en compte des ordres de télécommande centralisée 175 Hz (ordres TCC).

• visualisation des données internes.

• relevé de ces données à distance via la liaison télé-report (protocole EURIDIS).

• programmation locale ou à distance des différents paramètres de fonctionnement.

• mise à disposition du client d'une aide à la gestion de sa consommation d'énergie au moyen d'un relais intégré et d'une liaison série de télé-information qui envoie en permanence les données internes du compteur.

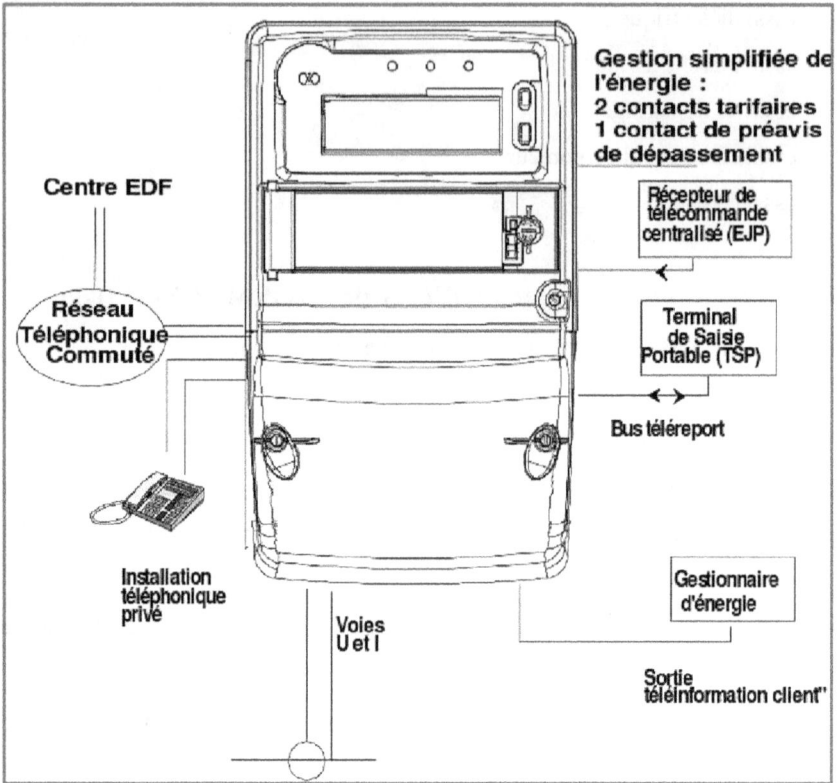

Figure 5 : Appareil de comptage SAGEMCOM C1000

- les compteurs d'un même site peuvent être connectés à un bus qui comporte en un point accessible du domaine public un coupleur magnétique (Boitier de TéléReport).

Ce coupleur est utilisé comme interface de communication avec un Terminal de Saisie Portable (TSP).

Il est possible de connecter jusqu'à 100 compteurs sur le bus, chacun d'entre eux est repéré par une adresse qui lui est propre.

Le bus est constitué de 2 fils de type pair téléphonique. Sa longueur maximale est de 500 m.

- quelques caractéristiques techniques: (Tableau suivant)

Tableau 1 : Caractéristique du compteur C1000

Classe de précision	2 (CEI 1036)
Constante	1 impulsion / Watt heure
Tension	Un = 230V
Valeurs nominales	0,83.Un à 1,1.Un
Valeurs limites	0,8.Un à 1,15.Un
Intensité et puissance souscrite	15 A - 3 kVA
	30 A - 6 kVA
	45 A - 9 kVA
	…
Fréquence	F = 50Hz
Valeurs limites	47 à 52 Hz
Encombrement	H = 180 L = 122,5 P = 62 (mm)
Poids	450 g
Température limite	- 25°C à+ 70 °C

III.2. Dispositifs indicateurs de consommation

En fonctionnement courant, la « Flash LED » énergie émet les impulsions d'énergie active consommée (constante : 1 Wh/impulsion). Ce dispositif permet la vérification de l'étalonnage du compteur.

Un dispositif émetteur d'impulsions, synchrone avec les « Flash LED » peut être présent sur la liaison de télé-information du client.

IV. Problématiques et cahier des charges

IV.1. Problématiques

La fiabilité observée d'un système électronique est exprimée par sa probabilité de fonctionnement sans défaillance pendant la durée d'observation (suivi du fonctionnement à long terme). Sa connaissance précise n'est possible qu'après un temps suffisant de fonctionnement du produit dans ses conditions réelles d'utilisation (retour d'expérience).

En effet, le choix de mettre en place un système pour la réalisation des essais de fiabilité en interne (laboratoire métrologie SAGEMCOM) est basé sur les raisons suivantes :

> ➢ une exigence d'un nouveau client qui veut lancer une commande à la fin de l'année actuelle,

> ➢ une gestion de risque de tomber en panne après une courte période de fonctionnement.

Il est cependant nécessaire d'avoir une estimation correcte de la fiabilité avant de le mettre sur le marché, pour ce faire :

• le retour d'expérience d'une dizaine d'années montre, suite à des réclamations clients, que plusieurs équipements de comptage installés tombent en panne à partir d'un moment donné,

• les laboratoires spécifiques aux essais de fiabilité sont tous localisés à l'étranger ce qui rend difficile la possibilité de planifier avec eux les tests à cause de la perte du temps du transport et le coût du test qui est très élevé.

IV.2. Cahier des charges

Afin de pouvoir vérifier la fiabilité et la durée de vie réelle de ses produits, le service Métrologie de SAGEMCOM s'est proposé de lancer un projet de mise en place en interne des essais de vieillissement accéléré.

Pour se faire, il était nécessaire de :

- préparer les informations nécessaires suite à une étude technique et scientifique sur les notions de la fiabilité et leurs essais.

- étudier les principes et les démarches des différents tests d'estimation.

- choisir le type de contrainte à appliquer pendant l'essai pour déterminer les mécanismes de défaillance des équipements.

- appliquer les modèles de calcul statistique en estimant, après analyse des résultats, la durée de vie des compteurs sous test.

Suite à cette étude nous avons essayé de déterminer les différents constituants du banc du test à élaborer afin de pouvoir mener des essais de vieillissement accéléré ALT sous des niveaux de contraintes bien déterminés.

Conclusion

Le problème de la fiabilité d'un produit industriel est un souci pour plusieurs sociétés, le niveau de confiance, les coûts de panne suite à des réclamations clients,…nécessitent l'implémentation d'un nouveau type de test accéléré de vérification au sein du service métrologie. Pour cela, le travail demandé est d'élaborer un banc d'essai pour estimer la fiabilité du produit et pour vérifier sa durée de vie.

Chapitre II : Concepts généraux de la fiabilité et principes des essais de vieillissement associés

Plan

Introduction

L'objectif de ce chapitre consiste à introduire brièvement quelques notions de fiabilité et les techniques statistiques d'estimation.

Au début, nous commençons par exposer les termes généraux de la sûreté de fonctionnement. Par la suite, nous rappelons à travers une étude bibliographique, les méthodes d'estimation de la fiabilité ainsi que les lois d'accélération par des différents types d'essais et nous terminerons par une présentation sur les essais de vieillissement de type ALT.

I. Généralités sur la sûreté de fonctionnement

La complexité croissante des systèmes, la réduction de leurs coûts de conception et d'exploitation ainsi que leur utilisation de plus en plus importante dans la vie quotidienne font, de la sûreté de fonctionnement, un domaine incontournable dans le développement de tout système industriel. [2]

La Sûreté de Fonctionnement (SdF) fait partie des enjeux majeurs de ces dernières années et des années futures. Cette notion, qui désigne à la fois un ensemble de moyens et un ensemble de résultats produits par ces moyens, est basée sur :

➤ Les méthodes et les outils pour caractériser et maîtriser les effets des aléas, des pannes, des erreurs.

➤ Les caractéristiques des systèmes pour exprimer la conformité de leurs comportements et leurs actions à long terme.

Plusieurs personnes aujourd'hui n'accepteraient pas d'utiliser un produit ou un système dont tous les aspects liés à son usage ne soient pas optimisés sous ses quatre aspects de la Sûreté de Fonctionnement.

➔ Au sens large, la SdF est considérée comme la science des défaillances et des pannes.

I.1. Eléments constitutifs de la sûreté de fonctionnement

La sûreté de fonctionnement englobe principalement quatre notions : fiabilité, maintenabilité, disponibilité et la sécurité, qui forment le sigle (FMDS). [2]

I.1.1. Fiabilité

La fiabilité (*Reliability* en anglais) est l'aptitude d'un dispositif à accomplir une fonction requise dans des conditions données pour une période de temps donnée. Elle se caractérise par la probabilité R(t) que l'entité E accomplisse ces fonctions, dans les conditions données pendant l'intervalle de temps [0, t], sachant que l'entité n'est pas en panne à l'instant 0.

$$R(t) = P \text{ [E non défaillante sur [0, t]]} \tag{1}$$

→ Nous admettrons par la suite que le temps est la variable principale dont dépend la fiabilité. Pour certains appareils, il peut être plus approprié de considérer une autre variable : le nombre de cycles d'ouverture-fermeture pour un relais, le nombre de tours pour un moteur, le nombre de kilomètres pour une voiture, voire une composition de celles-ci, etc.

→ La fiabilité est une composante essentielle de la sûreté de fonctionnement. Elle participe à la disponibilité d'un équipement. Afin d'envisager une étude de sûreté de fonctionnement exhaustive, il sera nécessaire de réaliser des études complémentaires dans les domaines de la maintenabilité, de la sécurité et des calculs probabilistes de la disponibilité.

I.1.2. Disponibilité

La disponibilité (A*vailability* en anglais) est l'aptitude d'une entité à être en état d'accomplir les fonctions requises dans les conditions données et à un instant donné. Elle se caractérise par la probabilité A(t) que l'entité E soit en état, à l'instant t, d'accomplir les fonctions requises dans des conditions données :

$$A(t) = P \text{ [E non défaillante à l'instant t]} \tag{2}$$

I.1.3. Maintenabilité

La maintenabilité (*Maintainability* en anglais) est l'aptitude d'une entité à être maintenue ou rétablie dans un état dans lequel elle peut accomplir une fonction requise, lorsque la maintenance est réalisée dans des conditions données avec des procédures et des moyens prescrits. Elle se caractérise par la probabilité M (t) que l'entité E soit en état, à l'instant t, d'accomplir ces fonctions, sachant que l'entité était en panne à l'instant 0.

$$M(t) = P \text{ [E est réparée sur [0, t]]} \tag{3}$$

I.1.4. Sécurité

La sécurité (*Safety* en anglais) est l'aptitude d'un produit à respecter, pendant toutes les phases de sa vie, un niveau acceptable de risques d'accidents susceptibles d'occasionner une agression du personnel, une dégradation majeure du produit ou de son environnement.

$$S(t) = P \text{ [E évite les événements critiques ou catastrophiques sur [0, t]]} \tag{4}$$

I.2. Métriques de la sûreté de fonctionnement

I.2.1. Temps moyens de fiabilité

Il existe aussi des grandeurs associées à la Sûreté de Fonctionnement et qui sont fonction du temps, les grandeurs présentées ci-après caractérisent des durées moyennes :

- MTTF (Mean Time To Failure) est la durée moyenne de fonctionnement d'une entité avant la première défaillance :

$$MTTF = \int_0^\infty R(t)dt \tag{5}$$

- MTTR (Mean Time To Repair) est la durée moyenne de réparation :

$$MTTR = \int_0^\infty [1 - M(t)]dt \tag{6}$$

- MUT (Mean Up Time) est la durée moyenne de fonctionnement après réparation

- MDT (Mean Down Time) est la durée moyenne d'indisponibilité après défaillance
- MTBF (Mean Time Between Failure) est la durée moyenne entre deux défaillances : $\qquad MTBF = MDT + MUT$ (7)

La disponibilité asymptotique est donnée par : $\qquad A(\infty) = \frac{MUT}{MTBF}$ (8)

→ Ces durées sont résumées à la **Figure 6.**

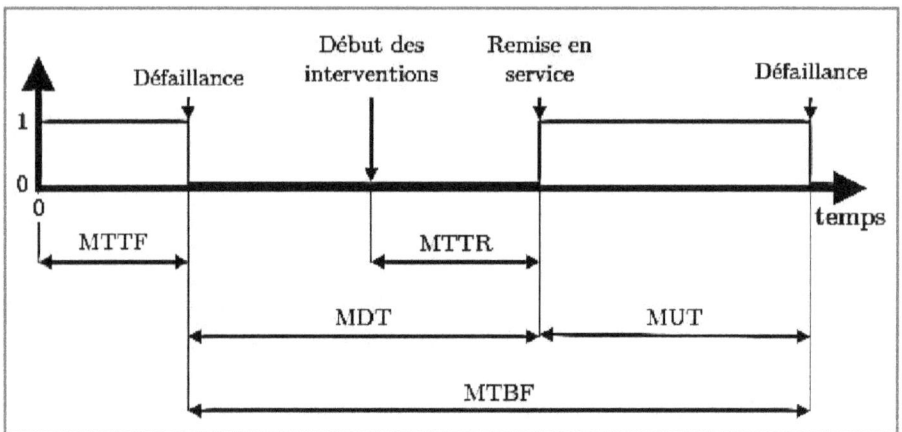

Figure 6 : Durée moyennes associées à la Sureté de Fonctionnement

I.2.2. Théorie de la fiabilité

On appelle également fiabilité, la probabilité associée R(t) définie par :

$$R(t) = Prob\{t < T\}$$ (9)

Pour compléter l'approche théorique de la notion de fiabilité, il est nécessaire de définir les notions suivantes.

La fonction F(t) représente la fonction de répartition de la variable aléatoire T. Elle équivaut à la défiabilité $\overline{R(t)}$ (la probabilité de défaillance du système) ou à la probabilité complémentaire à 1 de la fiabilité R(t) définie par :

$$F(t) = Prob\{t \geq T\} = 1 - R(t) = \overline{R(t)}$$ (10)

La fonction f(t) « *pdf* » désigne la densité de probabilité de t et elle est donnée par :

$$f(t) = \frac{dF(t)}{dt} = -\frac{dR(t)}{dt} \tag{11}$$

Avec : $$F(t) = \int_0^t f(u)du \tag{12}$$

$$R(t) = 1 - F(t) = 1 - \int_0^t f(u)du = \int_t^\infty f(u)du \tag{13}$$

I.2.3. Taux de défaillance et de réparation instantanée

a. Taux de défaillance instantanée

Il est aussi possible de définir la notion de taux instantané de défaillance au temps t, noté $\lambda(t)$.

La valeur $\lambda(t).dt$ représente la probabilité d'avoir une défaillance dans l'intervalle de temps

[t; t+dt], sachant qu'il n'y a pas eu de défaillance dans l'intervalle de temps [0; t].

Ainsi, en appliquant le théorème des probabilités conditionnelles, puis le théorème des probabilités totales, $\lambda(t)$ s'écrit :

$$\lambda(t).dt = \frac{Prob(défaillant\ sur\ [t;t+dt]) - Prob(défaillant\ sur\ [0;t])}{Prob(non\ défaillant\ sur\ [0;t])} \tag{14}$$

Soit finalement :

$$\lambda(t) = \frac{f(t)}{R(t)} = -\frac{1}{R(t)} \cdot \frac{dR(t)}{dt} \tag{15}$$

$$R(t) = exp[-\int_0^t \lambda(u)du] \tag{16}$$

Il est fréquent de représenter l'évolution du taux de défaillance $\lambda(t)$ au cours du temps t selon une courbe caractéristique dite en "baignoire" (**Figure 7**).

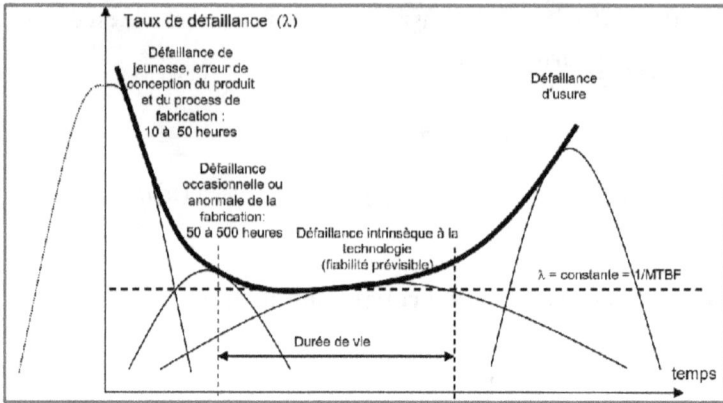

Figure 7 : Courbe en baignoire

De nombreux éléments, tels que les composants électroniques, ont un taux de défaillance qui évolue de la manière décrite dans la courbe de baignoire.

L'expérience a montré que pour des composants électroniques, la courbe qui représente le taux de défaillance en fonction du temps a la même allure que la courbe en baignoire. Elle est donc composée de trois phases :

(1) Phase 1

La première phase définit la période de jeunesse, caractérisée par une décroissance rapide du taux de défaillance. Pour un composant électronique cette décroissance s'explique par l'élimination progressive de défauts dus aux processus de conception ou de fabrication mal maîtrisé ou à un lot de composants mauvais. Cette période peut être minimisée pour les composants vendus aujourd'hui. En effet, las fabricants de composants électroniques se sont engagés à vérifier la qualité de leurs produits en sortie de fabrication.

(2) Phase 2

La deuxième phase définie la période de vie utile généralement très longue. Le taux de défaillance est approximativement constant. Le choix de la loi exponentielle, dont la propriété principale est d'être sans mémoire, est tout à fait satisfaisant. Les pannes sont dites aléatoires, leur apparition n'est pas liée à l'âge du composant mais à d'autres mécanismes d'endommagement. Les calculs prévisionnels de fiabilité se font presque souvent dans cette période de vie utile.

(3) Phase 3

La dernière phase est la période de vieillissement, elle est caractérisée par une augmentation progressive du taux de défaillance avec l'âge du dispositif. Ceci est expliqué par des phénomènes de vieillissement tels que l'usure, l'érosion, etc. Cette période est très nettement au-delà de la durée de vie réelle d'un composant électronique. Parfois, on réalise des tests de vieillissement accélérés pour révéler les différents modes de défaillance des composants.

b. Taux de réparation instantanée

La valeur $\mu(t).dt$ représente le taux de réparation, c'est la probabilité pour que le système soit réparer entre [t ; t + dt] sachant qu'il est en panne à l'instant t.

Le taux de réparation $\mu(t)$ s'écrit alors :

$$\mu(t) = \frac{1}{1-M(t)} \cdot \frac{dM(t)}{dt} \qquad (17)$$

I.3. Les lois de probabilité usuelles en fiabilité

Nous présentons dans cette section quelques lois de distributions de vie qui interviennent le plus fréquemment dans l'estimation et l'analyse de la fiabilité pour un tel système.

Ces lois de probabilité peuvent être classées selon les types de risques instantanés de défaillance (taux de défaillance : $\lambda(t)$) [3] [4]. Nous citons les principales propriétés de ces lois, les fonctions de survie (Fiabilité) associées ainsi que les taux de défaillance dans le **Tableau 2**.

Tableau 2 : Les lois de probabilité en fiabilité

λ	Loi de probabilité	Propriétés et fonction de survie
Constante	Loi exponentielle	$R(t) = e^{-\frac{t}{\theta}}$ $\lambda(t) = \dfrac{1}{\theta}$
Monotone	Weibull 2 paramètres	$R(t) = e^{-\left(\frac{t}{\eta}\right)^{\beta}}$ $\lambda(t) = \dfrac{\beta}{\eta} \cdot \left(\dfrac{t}{\eta}\right)^{\beta-1}$
	Gamma	$f(t) = \dfrac{\eta^{\beta}}{\Gamma(\beta)} e^{(-\eta.t)t^{\beta-1}}$
Forme u	Weibull à 3 paramètres	$R(t) = e^{-\left(\frac{t-\gamma}{\eta}\right)^{\beta}}$
Forme n	Weibull à 3 paramètres	$\lambda(t) = \dfrac{\beta}{\eta} \cdot \left(\dfrac{t-\gamma}{\eta}\right)^{\beta-1}$
	Log-normale	$R(t) = 1 - \emptyset\left(\dfrac{log(t)-\mu}{\sigma}\right)$ $\lambda(t) = \dfrac{e^{-\frac{1}{2}\left(\frac{log(t)-\mu}{\sigma}\right)^2}}{t\int_0^{\infty} \sigma\sqrt{2\pi}f(t)dt}$

Remarque : La loi exponentielle est un cas particulier de la loi de Weibull.

→ Dans le cas général, le taux de défaillance varie comme une puissance quelconque du temps pour cela nous décrivons la loi de Weibull qui peut recouvrir toute une famille de lois, certaines entre elle apparaisse en physique comme conséquence de certaine hypothèse.

I.3.1. Loi de Weibull

a. Distribution de Weibull

C'est la plus populaire des lois, utilisée dans plusieurs domaines (électronique, mécanique,..). Elle permet de modéliser en particulier de nombreuses situations d'usure de matériel. Elle caractérise le comportement du système dans les trois phases de vie : période de jeunesse, période de vie utile et la période d'usure ou vieillissement. Dans sa forme la plus générale, la distribution de Weibull dépend des trois paramètres suivants : β, η et γ. La densité de probabilité d'une loi de Weibull a

pour expression : $f(t) = \frac{\beta}{\eta} \cdot \left(\frac{t-\gamma}{\eta}\right)^{\beta-1} e^{-\left(\frac{t-\gamma}{\eta}\right)}$ $\qquad t \geq \gamma$ (18)

Avec :   η est le paramètre d'échelle (η >0)

β est le paramètre de forme (β >0)

γ est le paramètre de position (γ ≥0)

La fonction fiabilité s'écrit : $\qquad R(t) = e^{-\left(\frac{t-\gamma}{\eta}\right)^{\beta}}$ (19)

Le taux de défaillance est donnée par : $\qquad \lambda(t) = \frac{\beta}{\eta} \cdot \left(\frac{t-\gamma}{\eta}\right)^{\beta-1}$ (20)

Suivant les valeurs de β, le taux de défaillance est soit décroissant (β< 1) soit constant (β =1), soit croissant (β> 1). La distribution de Weibull permet donc de représenter les trois périodes de la vie d'un dispositif décrites par la courbe en baignoire.

Le cas γ> 0 correspond à des dispositifs dont la probabilité de défaillance est nulle jusqu'à un certain âge γ.

La durée (de fonctionnement) moyenne avant défaillance MTTF est donnée par:

$$MTTF = \gamma + \eta . \Gamma \left(\frac{1}{\beta} + 1\right)$$ (21)

Où Γ est la fonction gamma : $\Gamma(n) = \int_0^{\infty} e^{-x} x^{n-1} dx$

b. Effet des paramètres η et β

Les principales caractéristiques de la distribution de Weibull peuvent être analysées par l'observation des effets des paramètres β et η sur la fonction pdf et sur la fonction de fiabilité.

La **Figure 8** montre l'effet du paramètre β sur la fonction de densité de probabilité de Weibull f(t).

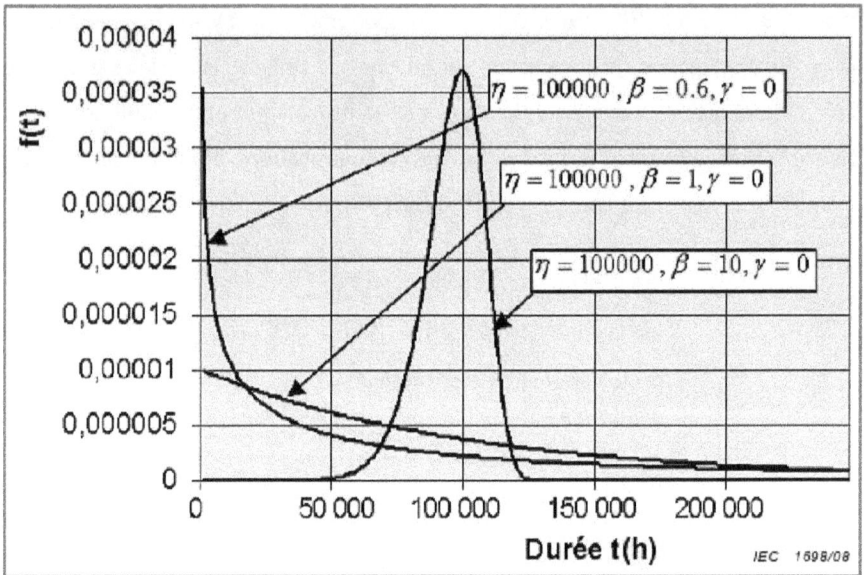

Figure 8 : Effet du parametre β sur la fonction de densité de probabilité de Weibull f(t)

B influence directement la forme de la distribution de Weibull:

- lorsque β= 1, la distribution de Weibull est équivalente à la distribution exponentielle$\left(avec\lambda = \frac{1}{\eta} \right)$. Ceci implique un taux de défaillance instantané constant, ce qui signifie que parmi toutes les entités qui survivent au temps t, un pourcentage constant subira une défaillance au cours de la prochaine unité de temps;

- lorsque β> 1, le paramètre de forme indique un phénomène d'usure, c'est-à-dire un taux de défaillance croissant. Exemples types de ce phénomène: usure, corrosion, propagation des fissures, fatigue, absorption de l'humidité, diffusion, dommages cumulés, etc.;

- lorsque β< 1, le paramètre de forme indique des défaillances précoces, c'est-à-dire un taux de défaillance décroissant. Les constructeurs peuvent, de manière à prévenir des défaillances précoces au cours de la durée de vie, effectuer un «rodage» du produit ou une exposition du produit des contraintes environnementales. Si des défaillances précoces persistent, cela indique un manque de maîtrise de processus, un rodage, une exposition à des contraintes environnementales ou un contrôle qualité inappropriés, etc.

La **Figure 9** montre l'effet du paramètre de durée de vie caractéristique de Weibull ou du paramètre d'échelle η sur la fonction pdf.

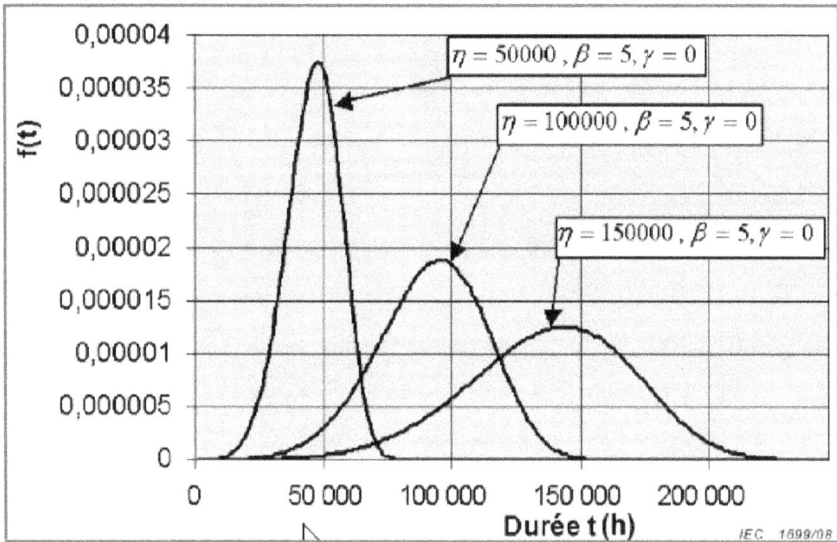

Figure 9 : Effet du paramètre η sur la fonction f(t)

A mesure que la valeur du paramètre η augmente, la hauteur de la fonction pdf décroît et ladite fonction s'échelonne vers la droite.

La **Figure 10** montre les effets du paramètre de forme β sur la fonction de fiabilité R(t).

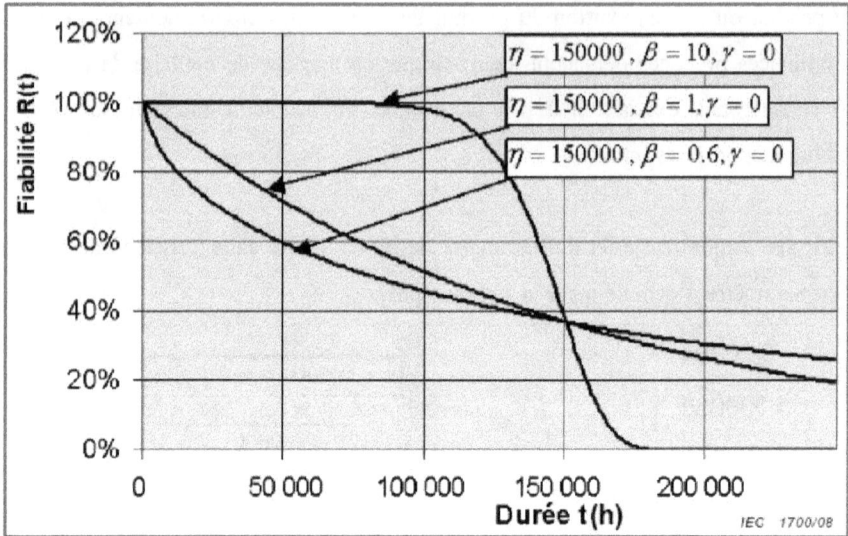

Figure 10 : Effet du paramètre β sur la fonction de fiabilité de Weibull R(t)

• lorsque β <1, la fonction de fiabilité décroît fortement et de façon monotone;

•lorsque β > 1, la fonction de fiabilité décroît moins fortement, mais lorsque l'usure apparaît, la fonction de fiabilité se met à décroître rapidement;

• η est le moment auquel R(t) = 36,7%. Cette caractéristique est vraie pour toutes les distributions de Weibull : après une durée de fonctionnement de η, 36,7% des entités sont supposées être toujours en fonctionnement (63,3% étant supposées avoir subi une défaillance).

c. Détermination des Paramètres de Weibull

Les méthodes d'estimation des paramètres les plus utilisées sont la méthode du maximum de vraisemblance (MXVR) et la méthode des moments (MM). La première est employée généralement à cause de ses propriétés asymptotiques fortes intéressantes, la seconde pour sa simplicité. En ce qui concerne cette loi (loi de Weibull) d'autres méthodes aussi ont été proposées, en particulier des méthodes d'estimation graphique et des méthodes basées sur les statistiques d'ordre. Citons dans cette partie, le principe de vraisemblance en tant qu'une méthode analytique et celle d'estimation graphique.

‒ Méthode analytique (maximum de vraisemblance)

Pour obtenir une représentation linéaire, la fonction de défaut de fiabilité de Weibull doit être tout d'abord transformée en forme linéaire. En partant de la fonction de défaut de fiabilité : $F(t) = 1 - e^{-\left(\frac{t-\gamma}{\eta}\right)^{\beta}}$ (22)

On obtient :

$$ln(1 - F(t)) = -\left(\frac{t-\gamma}{\eta}\right)^{\beta}$$

$$ln\{-ln(1 - F(t))\} = \beta\,ln\left(\frac{t-\gamma}{\eta}\right) = -\beta\,ln(\eta) + \beta\,ln(t-\gamma)$$

Cela peut être exprimé sous la forme suivante :

$y = A + Bx$ Avec : $y = \ln\{-\ln(1-F(t))\}$, $A = -\beta\ln(\eta)$, $B = \beta$, $x = \ln(t-\gamma)$

Cette équation indique qu'il convient que la fonction de défaut de fiabilité soit une droite si elle est représentée sur un papier quadrillé de représentation de la probabilité de Weibull, avec lequel le défaut de fiabilité est représenté sur une échelle bi-logarithmique réciproque par rapport à $(\gamma - t)$ représenté sur une échelle logarithmique. En d'autres termes, si les données relatives au défaut de fiabilité sont représentées sur un papier quadrillé de représentation de la probabilité de Weibull, et si elles correspondent à une droite, cela soutient la théorie selon laquelle la distribution utilisée est une distribution de Weibull.

β, le paramètre de forme, donne la pente de la fonction de défaut de fiabilité, lorsqu'il est représenté sur un papier quadrillé de représentation de la probabilité de Weibull.

Une fois que les durées de fonctionnement avant défaillance ont été classées par catégorie, et une fois que la fiabilité/défaut de fiabilité a été estimé(e) pour chaque durée de fonctionnement avant défaillance, toutes les données peuvent être utilisées pour établir une représentation graphique et calculer les paramètres de la distribution.

Les paramètres A et B de l'équation $y = A + Bx$ peuvent être estimés en effectuant une régression des moindres carrés/par catégories sur les données y_i et x_i, où:

$$x_i = \ln(TTF_i) \quad ; \quad y_i = \ln\big(-\ln\big(1 - F(TTF_i)\big)\big)$$

Selon le principe de la régression des moindres carrés/par catégories qui réduit au minimum la distance verticale entre les points de données et la droite ajustée aux données, la droite du meilleur ajustement aux dites données est la droite $y = A + Bx$ de sorte que F soit minimale, où :

$$F = \sum_{i=1}^{p}(A + Bx_i - y_i)^2 \tag{23}$$

Et p est le nombre d'entités ayant subi une défaillance au cours de l'essai.

La résolution des équations $\frac{dF}{dA} = 0$ et $\frac{dF}{dB} = 0$, permet d'obtenir:

Estimation de B:
$$B = \frac{\sum_1^p Y_i X_i - \frac{\sum_1^N X_i \sum_1^N Y_i}{p}}{\sum_1^p X_i^2 - \frac{\left(\sum_1^p X_i\right)^2}{p}} \tag{24}$$

Estimation de A :
$$A = \frac{\sum_1^p Y_i}{p} - B\,\frac{\sum_1^p X_i}{p} \tag{25}$$

Estimation du coefficient de détermination R2:

$$R^2 = \frac{\left(\sum_1^p Y_i X_i - \frac{\sum_1^p X_i \sum_1^p Y_i}{p}\right)^2}{\left(\sum_1^p X_i^2 - \frac{\left(\sum_1^p X_i\right)^2}{p}\right)\left(\sum_1^p Y_i^2 - \frac{\left(\sum_1^p Y_i\right)^2}{p}\right)} \tag{26}$$

⇨ R^2 donne une indication de la qualité de la régression par catégorie.

Les paramètres β et η peuvent être calculés à l'aide des équations suivantes :

$$\beta = B \quad et \quad \eta = e^{-\frac{A}{B}}$$

– Méthode graphique

Pour obtenir une droite nous avons utilisé la variable (t-γ).Si nous avions utilisé la variable t nous aurions obtenu une courbe. D'où la nécessité de rechercher γ. Pour cela, soit on recherche γ par tâtonnement jusqu'à obtenir une droite, soit on utilise la méthode de redressement suivante :

- On trace deux droites parallèles à OX (ces droites seront le plus éloignées possibles).

Leurs intersections avec la courbe correspondent à Ln(t1) et Ln(t3).

- On trace une droite équidistante de ces deux droites. Son intersection avec la courbe correspondent à Ln(t2).

- On a: Y1+Y3 = 2.Y2

- Soit: β (Ln(t3 $-\gamma$) $-$ Ln(η)) + β(Ln(t1 $-\gamma$) $-$ Ln(η))=2.β (Ln(t2 $-\gamma$) $-$ Ln(η))

Ln (t3 $-\gamma$) + Ln (t1 $-\gamma$) =2 Ln (t2 $-\gamma$)

(t3 $-\gamma$).(t1 $-\gamma$) = (t2 $-\gamma$)²

- Ainsi on obtient : $\gamma = \dfrac{t_2^2 - t_1.t_3}{2.t_2 - t_1 - t_3}$

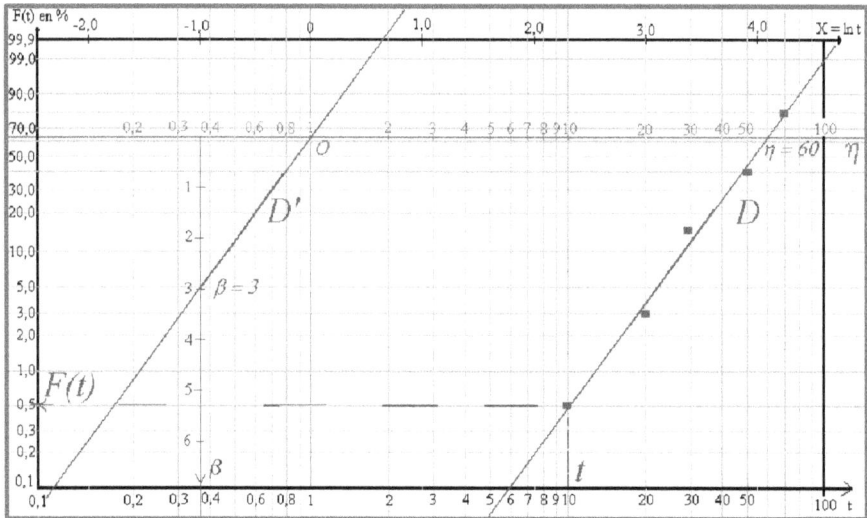

Figure 11 : Exemples de la détermination graphique des paramètres de Weibull

I.3.2. Loi exponentielle

Cette loi a de nombreuses applications dans plusieurs domaines. C'est une loi simple, très utilisée en fiabilité dont le taux de défaillance est constant. Elle décrit la vie des matériels qui subissent des défaillances brutales.

La fonction de survie d'une loi exponentielle de paramètre θ est :

$$R(t) = e^{-\frac{t}{\theta}} \tag{27}$$

Par conséquent le taux de défaillance est : $\lambda(t) = \dfrac{1}{\theta}$ (28)

I.3.3. Loi Gamma

X est de loi gamma de paramètre de forme β > 0 et de paramètre d'échelle η > 0, notée G (β,η), si et seulement si sa densité est :

$$f(t) = \frac{\eta^{\beta}}{\Gamma(\beta)} . exp(-\eta.t)t^{\beta-1} \tag{29}$$

La fonction de répartition de la loi gamma n'a pas d'expression explicite, donc la fiabilité et le taux de défaillance non plus. En revanche, on dispose du MTTF et d'éléments qualitatifs sur le taux de défaillance :

- La durée de vie moyenne est : $MTTF = \dfrac{\beta}{\eta}$

- On peut montrer que :
  - si β < 1, h est décroissant donc le système s'améliore ;
  - si β > 1, h est croissant donc le système s'use ;
  - si β = 1, h est constant et on retrouve la loi exponentielle.

I.3.4. Loi log-normale

Une variable aléatoire continue et positive t est distribuée selon une loi log-normale si son logarithme est distribué suivant une loi normale. Cette distribution est utilisée en fiabilité pour modéliser les défaillances par fatigue. La fonction de survie d'une loi log-normale de paramètres μ et σ est : $R(t) = 1 - \emptyset\left(\frac{log(t)-\mu}{\sigma}\right)$ (30)

La fonction de densité est donnée par : $f(t) = \dfrac{1}{t\sigma\sqrt{2\pi}} e^{-\frac{1}{2}\left(\frac{log(t)-\mu}{\sigma}\right)^2}$ (31)

Le taux de défaillance est donné par : $\lambda(t) = \dfrac{e^{-\frac{1}{2}\left(\frac{log(t)-\mu}{\sigma}\right)^2}}{t\int_0^\infty \sigma\sqrt{2\pi}f(t)dt}$ (32)

II. Principaux essais utilisés en fiabilité

Lors de son utilisation, le fonctionnement d'un produit peut soit s'interrompre brutalement, on parle alors d'une défaillance, soit se dégrader au cours du temps, on parle alors d'une dégradation du produit. La défaillance est la cessation soudaine de l'aptitude d'une entité à accomplir une fonction requise. Un produit connaît une défaillance lorsqu'il n'est plus en mesure de remplir sa (ou ses) fonction(s).

La dégradation est la détérioration progressive des caractéristiques d'un composant ou d'un système qui peut altérer son aptitude à fonctionner dans les limites des critères d'acceptabilité et qui est engendrée par les conditions de service. Un produit qui se dégrade devient pseudo-défaillant lorsqu'il atteint un seuil limite de dégradation. La dégradation d'un produit croit de façon probabiliste au cours du temps avec une augmentation de la variance. A chaque instant, la fiabilité peut être estimée comme la probabilité que la mesure de dégradation soit plus petite qu'une valeur cible de dégradation. Le modèle de dégradation est un moyen efficace de prédire la fiabilité lorsque le produit se dégrade.

En général, pour estimer la fiabilité d'un produit par les essais, ce produit est vieillit artificiellement fin de reproduire le mode de défaillance (essais de vieillissement) ou le modèle de dégradation (essais de dégradation).

II.1. Essais de vieillissement

Les essais de vieillissement consistent à vieillir artificiellement un échantillon de produits afin d'estimer l'instant de défaillance et ensuite déterminer la fiabilité du produit. Les essais de vieillissement peuvent être conduits de deux manières :

- L'essai de vieillissement séquentiel qui est une succession de séquences distinctes de sollicitations.

- L'essai de vieillissement combiné qui est une association simultanée de plusieurs sollicitations environnementales.

Ces essais de vieillissement qui sont réalisés dans les conditions normales d'utilisation sur un échantillon de produits permettent de déterminer la distribution de durée de vie de ce dernier. Cependant, les laboratoires d'essais réalisent les essais de vieillissement pendant un temps prédéfini limité pour des notions de coûts. Dans ce cas, tous les produits testés peuvent ne pas atteindre le phénomène de défaillance. Des données censurées sont alors obtenues et elles peuvent être analysées.

II.2. Essais de dégradation

Un produit qui est soumis au phénomène de dégradation peut ne jamais perdre sa fonction principale même si son utilisation n'est pas optimale, on parle d'état dégradé. Cependant, cet état dégradé peut devenir critique pour le système (dont le produit fait partie) lorsque la dégradation dépasse un seuil critique de dégradation. Le produit est dit pseudo-défaillant.

Un essai de dégradation consiste à vieillir artificiellement le produit dans les conditions normales d'utilisation (comme pour l'essai de vieillissement) et de suivre régulièrement l'évolution de la dégradation au cours du temps. L'étude de cette dégradation permet de déterminer le modèle de dégradation du produit ainsi que l'instant de pseudo-défaillance de ce dernier.

Dans le cas où l'instant de pseudo-défaillance n'a pu être obtenu pendant la durée de l'essai, il est possible d'estimer cet instant de pseudo-défaillance en extrapolant les données de la dégradation grâce au modèle de dégradation, qui dans ce cas, doit être connu préalablement.

II.3. Essais de vieillissement accéléré ALT

Les essais de vieillissement accéléré *(ALT : Accelerated Life Testing)* se composent d'une variété de techniques d'essais pour accélérer les processus de vieillissement et atteindre plus rapidement la fin de vie des produits. Ils sont utilisés pour obtenir plus rapidement des informations concernant la vie du produit. Les systèmes testés sont employés plus fréquemment que d'habitude ou sont soumis à des niveaux de sollicitations plus élevés (par exemple l'augmentation de la température, de la tension électrique, de l'humidité, etc.) pour obtenir la loi de fiabilité ou autres caractéristiques de fiabilité (taux de défaillance, temps de défaillance, etc.) des produits (systèmes ou composants). Pour cela, les niveaux de sollicitations subis par le produit sont augmentés, sans pour autant modifier le mécanisme de défaillance, afin d'obtenir des données de vie plus rapidement.

Ces données seront utilisées pour estimer la fiabilité dans les conditions normales de fonctionnement. Les résultats sont employés, par le biais d'un modèle statistique approprié basée sur la physique de défaillance des composants, pour faire des prévisions de durées vie du produit soumis aux conditions normales d'utilisation.

Les essais de vieillissement accéléré peuvent s'appliquer à toutes les catégories de matériels en adoptant différents types de contraintes (mécaniques, électriques, climatiques, etc.), selon les modes de défaillance attendus :

• **Contraintes mécaniques :** torsion, flexion, flexion rotative, chocs mécaniques, vibrations, vibrations acoustiques, traction, compression, etc. La fatigue est le terme le plus communément utilisée pour les composants mécaniques à l'aide généralement d'un pot vibrant.

• **Contraintes électriques :** tension, intensité du courant, fréquence, choc électrique, etc. La tension est la contrainte électrique la plus utilisé.

• **Contraintes climatiques** (ou environnementales) : la température et les cycles thermiques sont les contraintes les plus couramment utilisées. Il est nécessaire d'appliquer des niveaux appropriés pour conserver les modes de défaillance d'origine.

D'autres contraintes peuvent être appliquées comme les ultraviolets, le brouillard salin, la poussière, l'humidité, etc.

Ces différentes contraintes peuvent être appliquées combinées ou non aux produits.

II.3.1. Plan d'essais

La conception d'un plan d'essais (quels essais faut-il faire pour montrer que le système est fiable?) peut intervenir dès le début de la conception ou du prototypage d'un produit ou d'un système, dès que les fonctions requises (le cahier des charges) sont connues.

La définition d'un plan d'essai de vieillissement accéléré dépend de plusieurs paramètres :

➢ *les contraintes d'accélération et les limites opérationnelles* : on appelle contraintes l'ensemble des conditions et facteurs susceptibles d'accepter le bon fonctionnement d'un produit. Les contraintes peuvent être de toute nature (mécanique, électronique, climatique, etc.) et leurs durées de manifestation de tout ordre (constante, échelonnée, progressive, cyclique ou aléatoire). Le type, le nombre et les niveaux des contraintes appliquées sont choisis en fonction du produit étudié et de son mode d'utilisation. Les contraintes sont parfois désignées par les termes : stress ou sollicitations.

➢ *les limites opérationnelles du produit* : sont préalablement déterminées par des essais aggravés par exemple (donnant les niveaux de contraintes extrêmes à ne pas dépasser afin d'éviter les fonctionnements dégradés des produits ou un changement de mécanisme de défaillance). {Les modes et mécanismes de défaillance : lors d'un essai de vieillissement accéléré, les mécanismes provoqués d'endommagement d'un produit doivent être représentatifs de ceux pouvant apparaître dans des conditions normales d'emploi. Chaque mode de défaillance peut être provoqué par un ou plusieurs types de contraintes.

➢ *le nombre de produits* identiques, testés à chaque niveau de contrainte, donne la précision des estimations.

> *un modèle générique de vie accélérée*, qui relie la durée de vie obtenue selon les essais réalisés sous les conditions accélérées à celle correspondant aux conditions normales d'utilisation, permet d'analyser les résultats d'essais pour estimer la fonction de fiabilité dans les conditions nominales.

II.3.2. Principe du modèle de vie accélérée

Les modèles de vie accélérée sont généralement utilisés lorsque la relation exacte entre les contraintes appliquées et le temps de défaillance du composant est difficile à déterminer selon des principes mécaniques, électriques et physico-chimiques. Dans ce cas, les composants sont soumis à différents niveaux de contraintes et les paramètres des lois de distribution des temps de défaillance sont utilisés pour ajuster le modèle d'accélération. Les instants de défaillance sont distribués selon le même type de loi à chaque niveau de contrainte, et aussi dans les conditions normales de fonctionnement.

Les modèles de vie accélérée peuvent s'appliquer à plusieurs domaines comme celui du vivant (sciences médicales), de l'électronique et de la mécanique. Ce qui différencie les diverses applications sont les lois de fiabilité utilisées, les contraintes employées pour aggraver les essais et la nature des lois d'accélération.

Dans la littérature, il existe plusieurs définitions théoriques des Modèles de Vie Accélérée. Ils sont généralement constitués de deux composantes principales :

– un modèle analytique ***Durée de vie-Contrainte*** appelée aussi loi d'accélération ou modèle d'accélération, traduisant la durée de vie nominale du produit soumis à l'essai en fonction des niveaux de contraintes appliquées. Cette durée de vie nominale est représentée par une caractéristique de la loi de fiabilité telle que la moyenne, la médiane, l'écart-type, un quantile ou un quelconque paramètre de la loi.

– une distribution statistique des durées de vie. Dans un essai de vieillissement accéléré, un modèle déterministe seul ne décrit pas le comportement des durées de vie d'un produit. A chaque niveau de contrainte, un produit ou un système a une distribution statistique de la durée de vie. Nous obtenons ainsi la combinaison : équation d'accélération et distribution de vie de base.

Le modèle standard de vie accélérée permet d'unifier les différents modèles de vie accélérée dans un seul formalisme.

II.3.3. Quelques lois d'accélérations

a. Loi d'Arrhenius :

Le modèle d'Arrhenius est utilisée lorsque le mécanisme d'endommagement d'un composant est sensible à la température (exemples : diélectrique, semi-conducteur, batterie, lubrifiant et graisse, plastique et filament de lampe incandescente).

La loi d'Arrhenius modélise la durée de vie τ du produit par :

$$\tau = A.e^{\frac{Ea}{k.T}} \qquad (33)$$

(Avec Ea est l'énergie d'activation (en eV), k est la constante de Boltzmann (8,6171. 10^{-5} eV/°K), T est la température absolue (en °K) et A est une constante dépendante de la défaillance et de l'essai).

Lorsque la loi d'Arrhenius est utilisée, les essais accélérés sont réalisés à deux températures T_1 et T_2 afin de déterminer Ea et A. La durée de vie τ est ensuite déterminée dans les conditions normales T_0 en utilisant l'**Equation (33)**.

Le facteur d'accélération FA entre la durée de vie τ_0 pour une température T_0 et la durée de vie τ_1 pour une température T_1 est : $\quad FA = \frac{\tau_1}{\tau_0} = e^{\frac{Ea}{k}(\frac{1}{T_1} - \frac{1}{T_0})} \qquad (34)$

b. Modèle de Peck

Le modèle de Peck est utilisée lorsque le mécanisme d'endommagement d'un composant est sensible à la température et à l'humidité (exemples : composants électriques, conducteur aluminium et composants mécaniques soumis à la rupture). La loi de Peck est construite en utilisant le modèle d'Arrhenius pour le niveau de température T et le modèle de puissance inverse dont le niveau de contrainte est l'humidité H. Le modèle est défini par : $\tau = A(H)^{-n}.e^{\frac{Ea}{kT}}$ **(35)**

Où : Ea est l'énergie d'activation (en eV), k est la constante de Boltzmann (8,6171.10^{-5} eV/°K), T est la température absolue (en °K), H est l'humidité relative (en %HR), A et n sont des constantes dépendantes de la défaillance et de l'essai.

Lorsque la loi de Peck est utilisée, les essais sont réalisés à trois couples sévérités de température et d'humidité afin de déterminer A, Ea et n. La durée de vie τ est ensuite déterminée dans les conditions normales de température T_0 et d'humidité relative H_0 en utilisant l'**Equation (35)**.

Le facteur d'accélération FA entre la durée de vie τ_0 pour une température T_0 et une humidité relative H_0 et la durée de vie τ_1 pour une température T_1 et une humidité relative H_1 est : $$FA = \frac{\tau_1}{\tau_0} = \left(\frac{H_1}{H_0}\right)^{-n} e^{\frac{Ea}{k}(\frac{1}{T_1}-\frac{1}{T_0})}$$ **(36)**

Conclusion

Dans ce chapitre, nous avons présenté des méthodes existantes pour étudier la sûreté de fonctionnement des systèmes industriels, à savoir, les méthodes dynamiques. Entre autre, nous avons fait le point sur les principaux essais utilisés pour déterminer la fiabilité notamment les essais de vieillissement accéléré. Nous avons défini des différents modèles qui peuvent être utilisés lors de ces essais que nous détaillerons d'avantage dans le travail réalisé au niveau du chapitre suivant.

Chapitre III : Phases de l'essai de vieillissement accéléré (ALT)

Plan

Introduction
I. Aperçu sur les essais de fiabilité dans le cycle de développement
   d'un produit
II. Phases de l'essai de vieillissement accéléré sous la contrainte
   chaleur-humide
   II.1. Phase préliminaire
   II.2. phase des tests d'estimation de la fiabilité
Conclusion

Introduction

L'objectif de ce chapitre consiste à présenter la solution que nous avons élaborée pour le contrôle des équipements de comptage C1000 vu que les essais effectués dans des conditions normales (température et humidité ambiante) ne permettent pas de déterminer la durée de vie des compteurs électriques.

La solution consiste à préparer un banc d'essai de vieillissement accéléré (ALT) qui permet d'enregistrer les métriques essentielles et d'analyser les défaillances détectées. Les résultats du test seront traités afin d'établir la répartition des défaillances et de l'extrapoler aux conditions d'utilisation normales.

I. Aperçu sur les essais de fiabilité dans le cycle de développement d'un produit

La fiabilisation d'un produit au cours de son cycle de développement fait appel à de nombreuses phases dans lesquelles on utilise divers méthodes et outils (**Figure 12**).

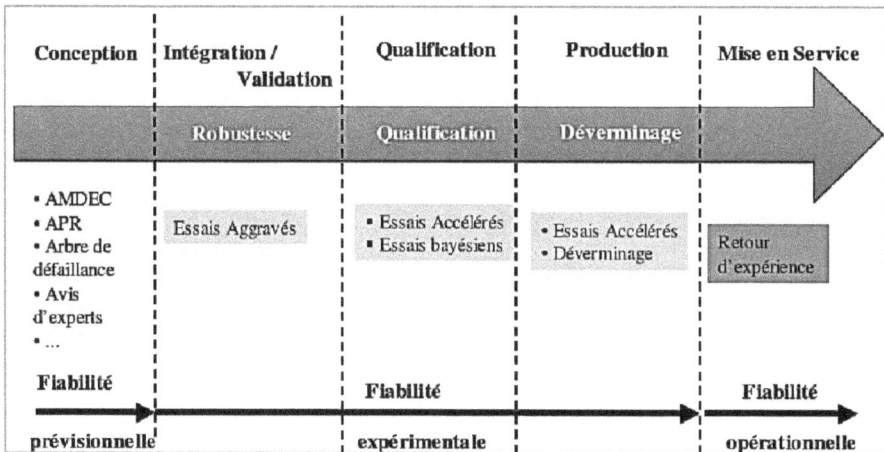

Figure 12 : Cycle de maturation d'un produit

> **Estimation prévisionnelle de la fiabilité :**

Cette phase consiste dès le début du projet à étudier la fiabilité à travers des analyses qualitatives (APR, AMDEC, ...) et quantitatives (arbre de défaillance, diagramme de fiabilité,...).

Pour des systèmes plus complexes, il est possible de modéliser la fiabilité par des réseaux de Pétri (RdP) ou des chaînes de Markov.

> **Estimation expérimentale de la fiabilité :**

Dès que le développement du produit est suffisamment avancé et que l'on dispose des premiers prototypes, il est possible de réaliser des essais de robustesse (appelés également essais aggravés) afin de connaître les faiblesses et les marges de conception. Une fois que le produit est mature (marges suffisantes), une campagne d'essai peut être menée pour estimer la fiabilité.

Pour finir, lors de la production, l'élimination des défauts de jeunesse (dérive procès, composant faible, ...) est opérée par un essai de déverminage.

L'ensemble des essais de fiabilité (robustesse, estimation et déverminage) contribue largement à la croissance de la fiabilité du produit au cours de son développement et de sa production.

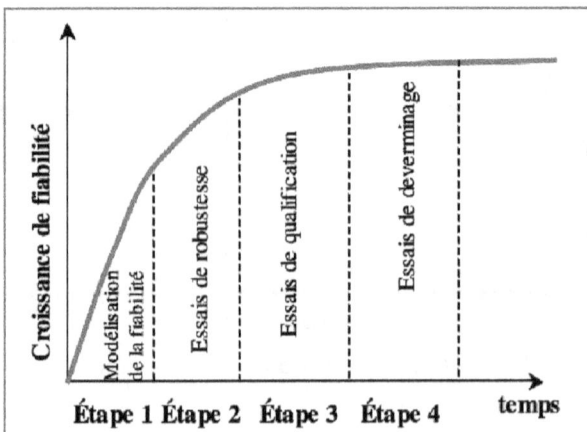

Figure 13 : croissance de la fiabilité au cours du développement d'un produit

Les dernières techniques d'essais développées consistent à accélérer cette croissance de fiabilité par l'utilisation d'essais accélérés/aggravés. Ainsi, on peut citer :

– les essais de robustesse : HALT (Highly Accelerated Life Test)

– les essais d'estimation : ALT (Accelerated Life Test)

– les essais de déverminage : HASS (Highly Accelerated Stress Screen)

➤ **Estimation opérationnelle de la fiabilité :**

Une fois que le produit est en exploitation, une estimation de la fiabilité est réalisée à partir des données de retour d'expériences.

Au niveau du service de métrologie seulement les essais de vérification sont réalisés pour le contrôle des compteurs fabriqués. Nous pouvons citer les essais préliminaires qui consistent à examiner visuellement le produit fini ; les essais sous tension alternative dont le principe est d'appliquer une tension pendant quelques secondes et suivre la réponse de rupture. Nous trouvons aussi les essais de condition de marche à vide, les essais de démarrage, les essais de précision et les essais de vérification de l'indicateur du compteur.

Tous ces essais sont limités puisqu'ils ne peuvent pas vérifier la robustesse et le bon fonctionnement du produit à long terme dans les conditions d'utilisation normales. De ce fait, nous nous sommes concentrés à décrire convenablement les essais accélérés d'estimation de la fiabilité du produit en question, en amplifiant les contraintes environnementales (chaleur-humide).

Ce type d'essai nous aide à précipiter plus rapidement les instants de défaillances qui peuvent être détectés dans les conditions d'utilisation normales.

La méthode d'essai d'estimation expérimentale de la fiabilité que nous décrierons, par la suite, ces principales phases, est basée sur des documents normatifs, un secours de formation acquis et les recherches techniques et scientifiques de fiabilité.

II. Phases de l'essai de vieillissement accéléré sous la contrainte chaleur-humide

Avant de lancer l'essai de vieillissement, nous devons, tout d'abord, identifier un plan d'essai qui consiste à :

– déterminer les différents modes de panne soit à travers des essais aggravés ou à travers l'historique des pannes du produit à partir des réclamations clients.

– choisir le type de stress à appliquer sur le produit.

– indiquer les conditions d'arrêt du test (après n pannes détectées ou à la fin d'une période bien définie)

Par la suite, nous devons passer au test qui contient deux grandes phases :

– phase préliminaire : elle consiste à définir les conditions moyennes annelles (T_u, RH_u) en tant qu'une condition climatique normale pour les compteurs électroniques et à déterminer la température crée par le courant absorbé (courant de ronflement).

– phase des tests de l'essai de vieillissement: elle consiste à appliquer des différents niveaux de contraintes sur les échantillons sélectionnés, suivre l'état et les instants de panne du produit, appliquer les calculs nécessaires et analyser les résultats.

Une démarche séquentielle, bien représentée à la **Figure 14**, résume ces deux phases.

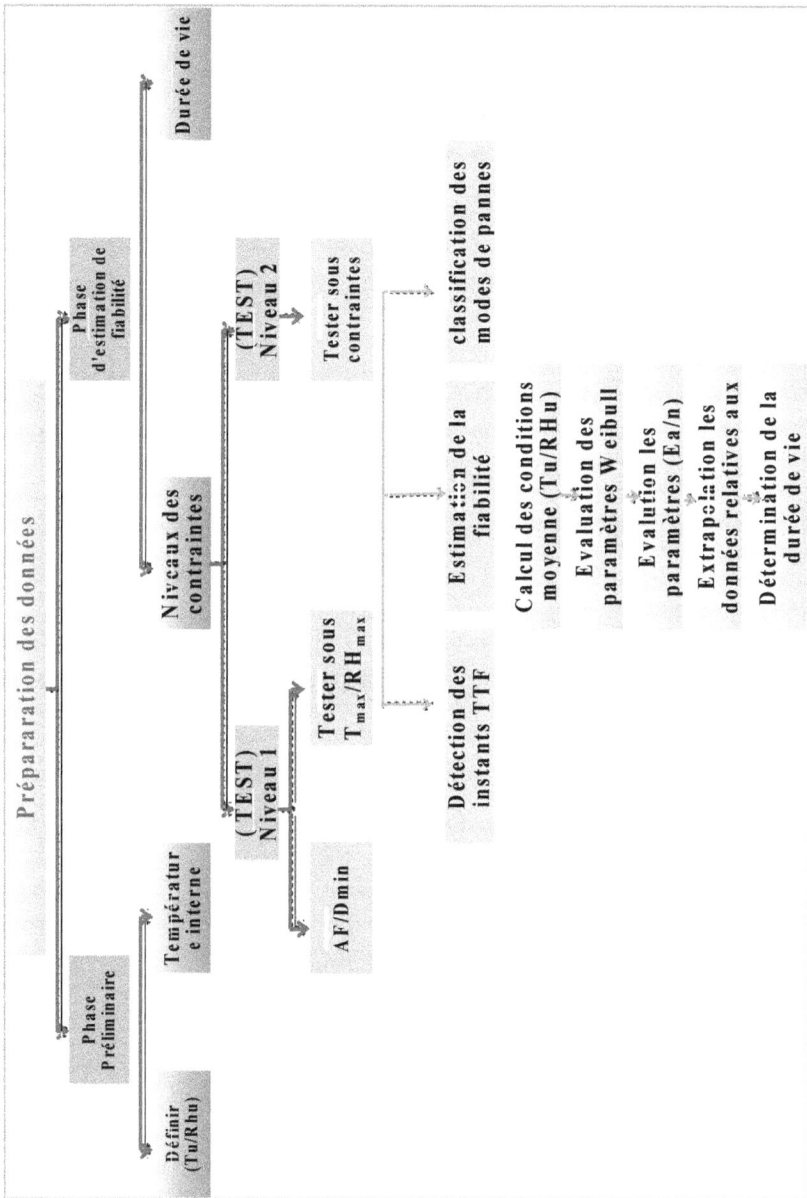

Figure 14: Démarche séquentielle du test

II.1. Phase préliminaire

II.1.1. Conditions climatiques normales (T_u/RH_u)

Les conditions d'utilisation normale (en termes de température et d'humidité) dépendent des conditions climatiques prédominantes dans les pays dans lesquels les équipements de comptage peuvent être installés.

Les profils de température et d'humidité moyenne annuelle respective de ces pays doivent être déterminés.

Pour se faire, une démarche analytique doit être appliquée à partir du profil de température et d'humidité moyenne annuelle d'un tel pays client, comme suit :

* _Détermination de la température moyenne annuelle T_u :_
  o Pour chaque température T_i du profil (températures minimale et maximale de chaque mois), nous devons calculer le facteur d'accélération du modèle d'Arrhenius $AT_i = e^{\frac{Ea}{k}(\frac{1}{T_a}-\frac{1}{T_i})}$. Ce facteur d'accélération correspond au facteur d'accélération à la température T_i par rapport à la température de laboratoire métrologie ($Ta = 23°C$).
  o La valeur moyenne AT_{moy} doit être calculée à partir de toutes les valeurs ATi.
  o La température moyenne annuelle T_u dans les conditions d'utilisation normales doit être calculée à l'aide de la formule :
  $$T_u = \frac{1}{\frac{1}{T_a}-\frac{k.ln(AT_{moy})}{Ea}} \qquad (37)$$

* _Détermination de l'humidité moyenne annuelle RH_u :_
  o Pour chaque humidité relative moyenne mensuelle RHi du profil, nous calculons le facteur d'accélération $AH_i = \left(\frac{0.5}{RH_i}\right)^{-n}$. Ce facteur par rapport à l'humidité de laboratoire métrologie ($RHa = 57\%$).
  o La valeur moyenne AH_{moy} doit être calculée à partir de toutes les valeurs AH_i.

o L'humidité moyenne annuelle RH_u doit être calculée à l'aide de la formule suivante : $RH_u = \dfrac{0.5}{AH_{average}^{-\frac{1}{n}}}$ (38)

II.1.2. Aspect correctif de la température de l'environnement d'utilisation

Les différentes plages de tension d'alimentation et de courant de charge peuvent créer de la chaleur ce qui augmente la température intérieur des compteurs d'énergie électrique.

La tension est réglée à U_n et le courant est réglé à un courant appliqué à la charge égal à 10% I_{max} pour un équipement de comptage à branchement direct.

Ces valeurs de tension et de courant peuvent ne pas refléter correctement les profils de tension et de courant auxquels l'équipement de comptage satisfait dans les conditions d'utilisation normales.

Par exemple, si dans le cas d'un équipement de comptage à branchement direct, la température interne augmente de manière significative lorsque ce dernier fonctionne avec un courant supérieur à 10% I_{max}, et lorsque le profil d'utilisation normale de l'équipement indique que celui-ci fonctionne typiquement avec des courants plus élevés (courant de ronflement), ces éléments doivent alors être pris en compte lors de l'évaluation des caractéristiques de la durée de vie, et ce, afin d'éviter toutes erreurs significatives dans l'évaluation. Pour éviter ce type d'erreur possible, les températures moyennes annuelles estimées doivent être corrigées en appliquant la procédure suivante:

• **étape A** : définir le profil d'utilisation normale de la tension et du courant.

• **étape B** : mesurer les variations de température interne de l'équipement de comptage pour chaque tension et chaque courant relatifs au profil d'utilisation normale.

- **étape C** : calculer la température interne moyenne de l'équipement de comptage correspondant au profil d'utilisation normale.

II.2. Phase des tests d'estimation de la fiabilité

Cette phase d'estimation consiste à vérifier les caractéristiques de la durée de vie du produit (compteur C1000).

Le processus de vérification est divisé en neuf étapes comme suit :

Etape 1 :

Choisir les caractéristiques de la durée de vie du compteur selon le cahier de charge SAGEMCOM. Ce choix correspond à un taux de défaillance F% après une période de garantie (Y années).

Fixer un niveau de confiance à évaluer expérimentalement.

Etape 2 :

Détailler le fonctionnement de base de compteur et contrôler les dérives et les défauts d'exactitude de l'équipement de comptage au cours de l'essai.

Etape 3 :

– Définir l'effectif de l'échantillonnage N_{ech} qui doit être compris entre 10 et 30. Selon la norme **NF EN 62058-11,** l'échantillonnage est toujours un pourcentage de population du lot de produit.

– Appliquer un niveau de contrainte limite en termes de température et d'humidité, (noté : T_{max}/RH_{max}) que le produit peut résister selon les deux cas suivants :

- **Cas 1** : lorsqu'il est alimenté à sa tension nominale U_n avec une charge de 10% I_{max} pour un équipement à branchement direct qui lui est appliqué.

- **Cas 2** : lorsqu'il est alimenté à sa tension pour un nominale U_n avec une charge de 5% I_{max} pour un équipement à branchement derrière un transformateur de courant (CT).

– Déterminer la Durée minimale D_{min} de l'essai *(sous contrainte maximale)* : basée sur le calcul de facteur d'accélération FA_{max} :

$$D_{min} = MAX\left(\frac{Y}{FA_{max}}\left[\frac{ln(1-UCL_i)}{ln\left(1-\frac{CF}{10000}\right)}\right]^2 \; ; \; \frac{Y}{FA_{max}}\left[\frac{ln(1-UCL_i)}{ln\left(1-\frac{CF}{10000}\right)}\right]^{\frac{1}{5}}\right) \quad (39)$$

Où Y et F sont les paramètres des caractéristiques de la durée de vie à vérifier (comme décrit à l'étape 1), UCL_1 est l'estimation du défaut de fiabilité pour un niveau de confiance CL et pour le numéro de classement 1 (UCL_1 est obtenue à partir de l'**Annexe A** et dépend de l'effectif), et FA_{max} est le facteur d'accélération au niveau de contrainte maximal, estimé à l'aide du modèle de Peck (**Equation (36)**):

➔ $FA = \left(\frac{RH_u}{RH_{max}}\right)^{-3} e^{\frac{0.9}{k}\left(\frac{1}{T_u}-\frac{1}{T_{max}}\right)}$

- RH_u est l'humidité relative dans les conditions d'utilisation.
- RH_{max} est l'humidité relative au niveau de contrainte maximal.
- T_u est la température dans les conditions d'utilisation.
- T_{max} est la température au niveau de contrainte maximal.

Remarque :

Lorsque l'essai a atteint sa durée minimale :

• si chaque mode de panne principal indépendant est représenté par au moins 30% de N_{ech} défaillances, l'essai est interrompu (Norme **CEI 62059-31-1**).

• lorsque l'essai a atteint deux fois sa durée minimale, il est interrompu même si un mode de panne principal indépendant est pourtant représenté par moins de 30% de N_{ech} défaillances).

Etape 4 :

• évaluation des variations des facteurs d'accélération avec chaque mode de panne principal indépendant).

• définir des niveaux de contraintes moyen et faible pour la température (notés : T_{med} et T_{min})

• définir des niveaux de contraintes moyen et faible pour l'humidité relative (notés : RH_{med} et RH_{min}).

• effectuer un essai avec chacune au moins trois {exemple : appliquer les combinaisons de contraintes $T_{max}RH_{med}$, $T_{max}RH_{min}$, $T_{med}RH_{max}$ et $T_{min}RH_{max}$}

Remarque: en appliquant les mêmes tensions et courant utilisés au niveau de contrainte maximal.

• la durée de l'essai : Pour chaque niveau de contrainte, l'essai est interrompu lorsque **30%** de N_{ech} défaillances au moins ont été détectées pour chaque mode de panne principal indépendant qui a également été observé au niveau de contrainte maximal).

Etape 5 :

Pour chaque niveau de contrainte et pour chaque mode de panne principal indépendant :

- représenter graphiquement les données relatives à la durée de fonctionnement avant défaillance (TTF) et les estimations de défaut de fiabilité (UCL_i) associées sur un diagramme de Weibull.

→ $UCL_i = f(TTF)$. **(Annexe A)**

- évaluer pour chaque mode de panne, par régression, les paramètres de la distribution de Weibull du meilleur ajustement.

- test d'adéquation qui consiste à vérifier que R^2 est supérieure ou égale au seuil d'acceptation, AccThr. Le seuil AccThr dépend du nombre de défaillances détectées (p):

• $AccThr = \left(1 - e^{-\left(\frac{p}{0.039}\right)^{0.177}}\right)^2$ pour une distribution de Weibull à 2 paramètres (β, η).

• $AccThr = \left(1 - e^{-\left(\frac{p}{0.0023}\right)^{0.146}}\right)^2$ pour une distribution de Weibull à 3 paramètres (γ, β, η).

Si R^2 est supérieure ou égale à AccThr pour une distribution de Weibull à 2 paramètres, il est évident que les données ont été obtenues à partir d'une distribution de Weibull à 2 paramètres. Si R^2 est inférieure à AccThr pour une distribution de Weibull à 2 paramètres, l'analyse suivante doit être effectuée:

• si le tracé présente une courbe, comme si la durée ne commençait pas à une valeur nulle (Zéro), intégrer alors le paramètre de position γ dans le processus. Déterminer, par des simulations, la valeur de γ qui fournit la plus grande valeur de R^2. Si R^2 devient supérieure à AccThr pour une distribution de Weibull à 3 paramètres, il est alors évident que les données ont été obtenues à partir d'une distribution de Weibull à 3 paramètres. Il convient alors d'expliquer d'un point de vue physique pourquoi les défaillances ne peuvent pas se produire avant une durée égale à γ ;

• vérifier si la représentation graphique contient plus d'un mode de panne. Si tel est le cas, il convient de tracer chaque mode de panne séparément, puis de regrouper tous les modes de panne (regroupement des modes de panne dans la norme **CEI 61649**);

• si certains points sont éloignés de la droite du meilleur ajustement, une analyse plus détaillée des défaillances correspondant à ces points doit être effectuée.

Etape 6 :

Pour chaque mode de panne principal indépendant, évaluer les paramètres de facteur d'accélération (Ea et n) par régression (**Annexe B**), sur la base des paramètres d'échelle de Weibull obtenus à chaque niveau de contraint.

Etape 7 :

Utiliser les calculs effectués au niveau du test préliminaire pour corriger la température :

– pour chaque valeur de tension et de courant décrite au test préliminaire, le facteur d'accélération d'Arrhénius, par rapport à la température mesurée à Un et 0,1 Imax pour un équipement de comptage à branchement direct, est calculé avec le paramètre

Ea obtenu à l'étape 6. Ledit facteur est calculé à l'aide de la formule

suivante: $$FA = e^{\frac{Ea}{k}(\frac{1}{T_n}-\frac{1}{T_i})}$$ (40)

Ea est obtenu à l'étape 6, Tn est la température mesurée à Un et 0.1 Imax pour un équipement de comptage à branchement direct et Ti est la température mesurée pour les autres valeurs de tension et de courant. Tn et Ti sont donnés en K.

– le facteur d'accélération moyen est alors calculé à l'aide de la formule suivante :

$$FA_{moy} = \frac{\sum(FA \times Proportion\ of\ time)}{100}$$ (41)

– la température interne moyenne de l'équipement de comptage est alors calculée à

l'aide de la formule suivante: $$Tint_{moy} = \frac{1}{\frac{1}{T_n}-\frac{k}{Ea}ln(FA_{moy})}$$ (42)

Etape 8 :

Pour chaque mode de panne principal indépendant :

• extrapoler chaque donnée relative à la durée de fonctionnement avant défaillance pour les conditions d'utilisation normale, et tracer toutes les données relatives à la durée de fonctionnement avant défaillance et les estimations de défaut de fiabilité associées sur un diagramme de Weibull.

• évaluer, par régression, les paramètres de la distribution de Weibull applicable à une utilisation finale.

Etape 9 :

Calculer, à partir de la distribution de Weibull applicable à chaque mode de panne principal indépendant dans les conditions d'utilisation normale, la répartition cumulée.

Calculer par ailleurs les caractéristiques de la durée de vie de l'équipement de comptage définies à l'**étape 1**.

Conclusion

Dans ce chapitre, nous avons donné un aperçu sur les différents types d'estimation de la fiabilité notamment celle de la phase de qualification du produit. Nous avons aussi décrit les différentes étapes de l'essai de vieillissement accéléré qui nous permet d'estimer la fiabilité du produit et vérifier sa durée de vie.

Chapitre IV : Eléments constitutifs du banc d'essai et analyse des résultats du test

Plan

Introduction

Au cours de ce chapitre, nous avons conçu le banc d'essai, décrit le déroulement des étapes des tests nécessaires de la solution proposée auparavant et réalisé les interfaces software de calcul, de traitement et d'analyse des données.

I. Eléments constitutifs du banc du test

Le banc d'essai élaboré (**Figure 15**) contient les éléments suivant :

-   Un générateur d'alimentation électrique
-   Un compteur d'énergie étalon
-   Une étuve climatique
-   Des compteurs échantillons
-   Une cellule de détection Flash LED
-   Des câbles d'alimentations électriques.
-   Un logiciel de traitement des données du test

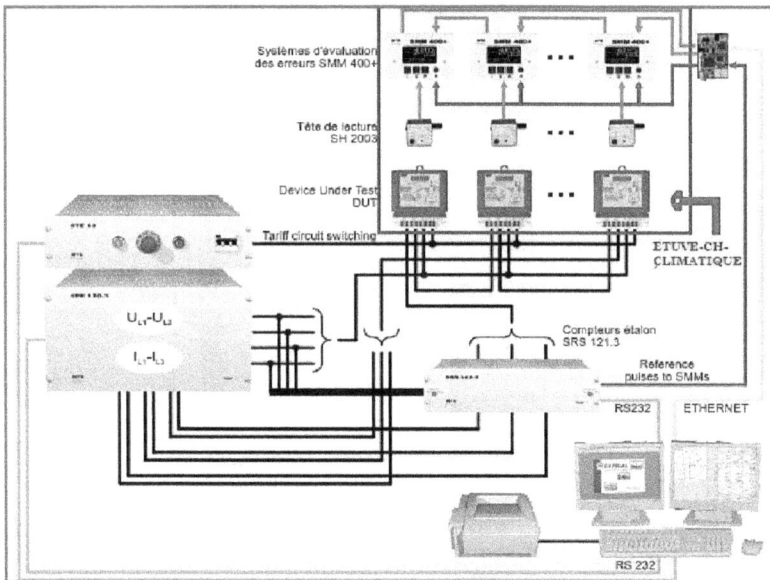

Figure 15 : Configuration du banc de test

I.1. Partie Hardware

I.1.1. Générateur d'alimentation électrique SPE

Le système SPE est une source d'électronique de puissance qui génère une tension d'alimentation électrique et un courant pour alimenter les compteurs à tester et les compteurs étalons

Caractéristiques techniques de bases :

o Gammes de tension et du courant:

- Tension: de 30 V à 300 V
- Courant: de 1 mA à 120 A.

o Puissance de sortie: 300 VA ou 600 VA par phase

o L'efficacité énergétique: > 85%

o Fonctionnement du système SPE via RS 232 C avec interface de ligne série.

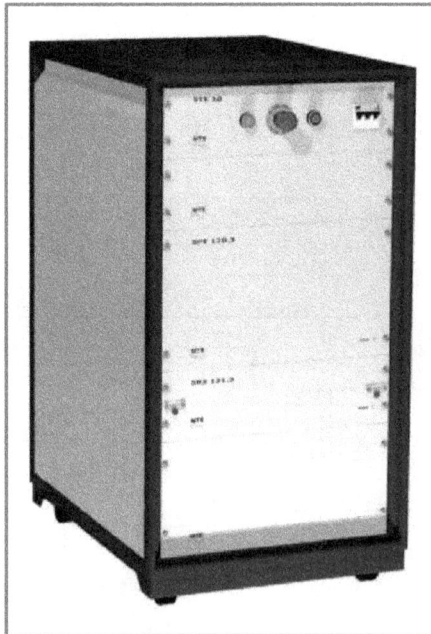

Figure 16 : Exemple de générateur pour l'alimentation électrique

I.1.2. Compteur d'énergie électrique étalon SRS 121.3

Les compteurs digitaux étalons **(Figure 17)** possédant une précision de 0.05 ou 0.02 sont des systèmes de mesure de toutes les valeurs alternatives (mode AC) utilisées pour les compteurs d'énergie électrique. Les gammes de mesure exténuent et leurs précisions extrêmement hautes sont les caractéristiques de ces compteurs étalons.

Caractéristiques techniques :

o Précision:0.05 %

o Courant: de 1 mA à 120 A ou de 1 mA à 200 A

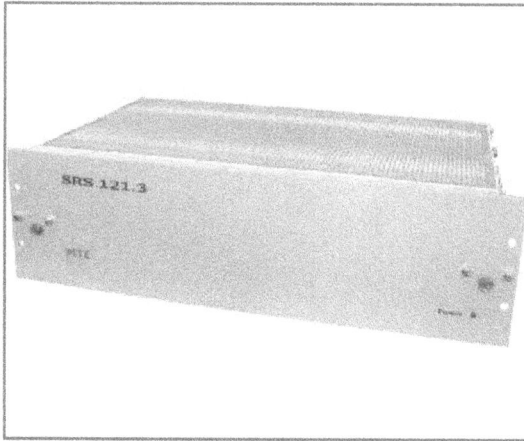

Figure 17 : Compteur d'énergie électrique étalon SRS 121.3

I.1.3. Etuve climatique CLIMATS

Généralement, les chambres climatiques peuvent également être utilisées pour établir la performance d'un tel produit industriel en continu et aussi comme outil de résolution de problèmes. Pendant que les échantillons subissent la simulation environnementale, on peut suivre, en temps réel, le comportement d'un produit à l'aide des systèmes d'acquisition de données ou exécuter des tests.

Les étuves climatiques CLIMATS du laboratoire du service métrologie SAGECOM, sont utilisées pour effectuer des tests de vérification sous contraintes de température et d'humidité. Chacune est composé d'une chambre climatique sous forme d'un modèle de table de volume 1728 litres ayant des plages de température de -80°C à +150°C. De point de vue capacité, elle peut contenir jusqu'à 12compteurs en même temps.

Les tests de vieillissement accélérés environnementaux à réaliser doivent être effectués dans cette enceinte. (**Figure 18).**

Figure 18 : Etuve climatique type CLIMATS

I.1.4. Cellule de détection « Flash LED » SH2015

La tête de lecture SH 2015 photoélectrique tête de balayage est conçue pour le contrôle efficace et précis des compteurs électroniques et ceci par les captures des impulsions de LED qui traduit entre autre la consommation enregistrée par le compteur monté en circuit.

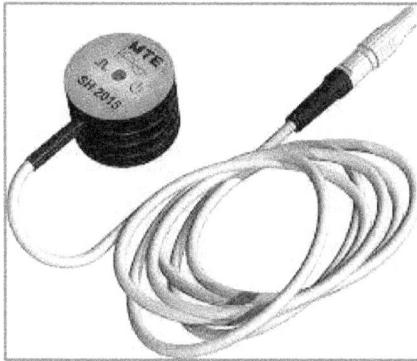

Figure 19 : Tête de lecture SH2015

I.2. Partie Software

I.2.1. CAMCAL

CAMCAL est un logiciel ample et universel conçu pour accomplir les besoins actuels de contrôle de compteurs modernes. Il possède aussi la flexibilité d'incorporation facile de besoins futurs.

Le logiciel CAMCAL permet le contrôle de systèmes stationnaires et portables, incluant la registration et le traitement de données de mesure.

Le logiciel peut être utilisé pour le contrôle de compteurs d'énergie électrique soumis à des différentes contraintes climatiques (cycles thermiques, choc thermiques,…).

Le logiciel permet l'essai de compteurs simples et complexité en accord avec les besoins des clients et selon des normes nationales et internationales.

Avantages de logiciel CAMCAL :

• peut enregistrer les informations de séquences du test dans une base de données.

• assure un déroulement automatique de la séquence du test ainsi qu'une évaluation transparentes et flexibles des résultats.

Le logiciel CAMCAL regroupe plusieurs fonctions qui peuvent être utilisées en une interface utilisateur commune et qui peut communiquée avec d'autre logiciel.

I.2.2. Labview

Le langage de programmation graphique, appelé LabVIEW pour « Laboratory Virtuel Instrument engineering Workbench » est un environnement de programmation à caractère universel particulièrement adapté à la mesure, au test, à l'instrumentation et à l'automatisation.

Le temps nécessaire à l'assemblage d'un système de mesure ou de contrôle/commande est en général négligeable par rapport à celui nécessaire à sa programmation dans un langage classique (C, Pascal,...). De plus, LabVIEW se distingue des autres logiciels. En effet, la majorité de ces langages sont basés sur des langages à base de texte dont la programmation consiste à remplir des lignes de code, tandis que LabVIEW utilise un langage de programmation graphique, le langage G, pour créer un programme sous forme de diagramme.

Les interfaces utilisateurs, développées avec ces langages, sont le plus souvent obscures et incompréhensible. Les utilisateurs disposent avec LabVIEW d'un outil intégré d'acquisition, d'analyse, et de présentation des données, une solution qui entraîne un gain notable en matière de productivité.

LabVIEW est un des premiers langages de programmation graphique destinée au développement d'applications d'instrumentation. Couplé à des cartes d'entrées-sorties, il permet de gérer des flux d'information numériques ou analogiques et de créer ou de simuler des instruments de mesure (oscilloscope, générateur des fonctions, multimètre…).

Ce langage propose un environnement destiné à l'instrumentation où l'on retrouve les quatre fonctions de base nécessaires pour de telles applications industrielles :

- acquisition et restitution des données : contrôle d'instruments (GPIB, série,…), gestion de cartes d'entrées/sorties numériques/analogiques, gestion des cartes d'acquisition d'image.
- analyse et traitement des données : traitement du signal (génération, filtrage, FFT, …), traitement statique (régulation, lissage, moyenne…).
- présentation et stockage des données : affichage (courbes, graphiques 2D…), stockage des données (archivage, impression).

I.2.3. Minitab

Minitab est un logiciel de statistiques installable uniquement sous Windows développé à la Pennsylvania State University par Barbara F. Ryan, Thomas A. Ryan et Brian Joiner en 1972.

Minitab a commencé en tant que version légère d'OMNITAB, un programme d'analyse statistique créé par NIST.

Ce logiciel est utilisé par des professeurs pour les cours qui exploitent les analyses statistiques, par des chercheurs, par des consultants, par des organismes de formation et par des entreprises pour analyser leurs procédés et faciliter la prise de décisions. Il est recommandé par la plupart des organismes de conseil et de formation pour l'application de la méthodologie Six Sigma (en contrôle de qualité).

II. Analyse des résultats de l'essai de vieillissement accéléré

Pour concevoir notre banc d'essai ALT nous devons réaliser des tests à vide sur un échantillon des compteurs afin de vérifier le bon fonctionnement de l'étuve, de la cellule Flash LED et du logiciel CAMCAL qui va gérer touts les enregistrements de sortie du test (les instants de défaillances).

Après avoir validé le test à vide nous installerons, au premier lieu, l'application réalisée sous l'environnement LabVIEW et qui présente une interface dynamique conçue dont les principales fonctions sont les suivantes :

– la détermination des paramètres d'estimation de fiabilité,

– le traitement des données enregistrées à l'aide de CAMCAL.

– l'affichage des résultats du test ainsi que les calculs des estimations de fiabilité traitées.

– Le contrôle de différentes références d'équipements de comptage SAGEMCOM tout en respectant les conditions climatiques des clients.

Au second lieu, nous commençons par l'installation des éléments du banc d'essai selon le schéma décrit à la **Figure 15** pour finir par tester le banc **(Figure 20).**

Figure 20 : Photo extrait du banc d'essai ALT réalisé

II.1. Résultat du test préliminaire et identification de l'équipement de comptage

➢ Pour les tests préliminaires nous avons appliqué les règles décrites au niveau de la norme **CEI 1036** qui démontre que les circuits du compteur électrique alimenté sous plusieurs plages tension/courant nécessitent un temps (t_n) pour atteindre la stabilité thermique de l'équipement.

➢ Nous avons sélectionné 10 échantillons pour trois raisons comme suit :

- La capacité maximale de l'étuve climatique est de 12 équipements de type C1000 et 10 pour d'autres références,
- La maitrise du coût,
- Le nombre minimal exigé par la norme **CEI 62059-31-1** est de 10 échantillons.

La **Figure 21** présente l'interface Labview qui nous permet de sélectionner le client, la référence du compteur à tester ainsi que les résultats du test préliminaire.

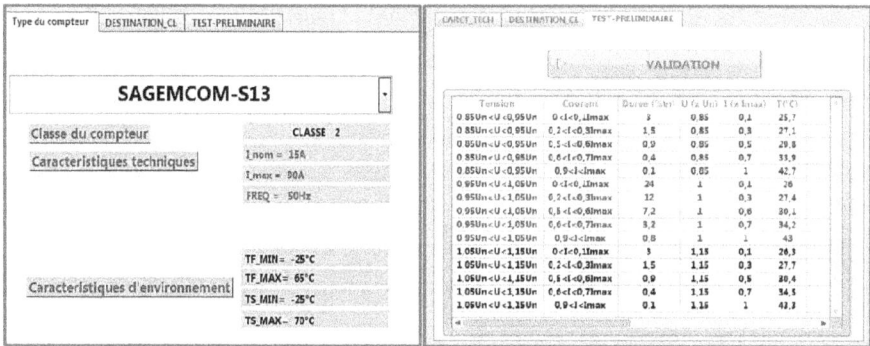

Figure 21 : Caracteristique du compteur à tester et résultat du test préliminaire

II.2. Caractéristiques de la durée de vie à vérifier

Pour évaluer la durée de vie réelle des équipements de comptage, nous avons défini les paramètres suivants :

o 10% de défaillances après 20 années pour les compteurs de référence C1000 suite à l'exigence d'un nouveau client. La fiabilité doit atteindre 90 % après 20 ans de fonctionnement dans les conditions climatiques normales.

o un niveau de confiance à appliquer : NC = 50%.

II.3. Méthode de détection des défaillances

Les équipements de comptage soumis à l'essai sont des appareils statiques destinés à fonctionner avec une énergie active et équipés d'un registre à cristaux liquides. La résolution est de 0,1 kWh. Les équipements comportent également une sortie LED capable à émettre des impulsions constantes dont la fréquence est de 1 Wh/impulsion. Par conséquent, il convient que la précision de lecture de l'enregistreur augmente de 0,1 kWh toutes les 100 impulsions enregistrées sur la sortie d'essai.

Pour tester le bon fonctionnement des équipements de comptage, il suffit de soumettre les compteurs à une charge permanente se répartissant comme suit:

• Tension: U_n;

• Courant: I_n;

• Facteur de puissance: 1

Dans ce contexte nous pouvons définir les termes de vérification suivants :

Défaut d'exactitude : à l'aide d'un équipement de comptage étalon de référence, nous pouvons vérifiée l'exactitude de l'équipement de comptage dont la valeur limite dépend d'un part d'indice de classe de compteur d'autre part de la variation de la température d'influence. (Selon la norme **NF_EN_50470-3_2007**)

Par exemple : une défaillance est enregistrée si l'erreur de pourcentage excède ±2% de I_n dans les conditions climatiques ambiantes

Défaillance de l'enregistreur: Le fonctionnement de l'enregistreur est également vérifié en même temps, en comparant la valeur relevée sur l'enregistreur avec le nombre d'impulsions émises par l'équipement de comptage. Une défaillance est enregistrée si une différence apparaît entre le nombre d'impulsions émises et l'incrémentation du registre.

Pour chaque niveau de contrainte, 10 équipements de comptage sont soumis à l'essai.

II.4. Choix des contraintes (température/humidité)

• Contraintes maximales : le compteur SAGEMCOM C1000 peut fonctionner sous une température maximale de $T_{max} = 70°C$ et une humidité maximale de $RH_{max} = 80\%$.

• Pour les autres niveaux de contraintes moyennes et faibles nous avons choisi les quatre conditions suivantes :

- Contrainte 1 : $T_1 = 70°C$ et $RH_1 = 75\%$
- Contrainte 2 : $T_2 = 70°C$ et $RH_2 = 70\%$
- Contrainte 3 : $T_3 = 65°C$ et $RH_3 = 80\%$
- Contrainte 4 : $T_4 = 55°C$ et $RH_4 = 80\%$

II.5. Durée minimale de l'essai

Le calcul de la durée minimum du test (D_{min}) est basé sur la détermination du facteur d'accélération FA_{max} du modèle de Peck.

$$FA = \left(\frac{RH_u}{RH_{max}}\right)^{-3} e^{\frac{0.9}{k}(\frac{1}{T_u}-\frac{1}{T_{max}})} \tag{43}$$

Tels que : Tu =23°C ±2%   et RH_u = 57%±5%

*(Ea= 0.9 eV, k= 8.62x10-5 eV/k et n =3 selon la norme **CEI 62059-31**)*

La formule de D_{min} est donnée par la formule :

$$D_{min} = MAX\left(\frac{Y}{FA_{max}}\left[\frac{ln(1-UCL_i)}{ln\left(1-\frac{CF}{10000}\right)}\right]^2 ; \frac{Y}{FA_{max}}\left[\frac{ln(1-UCL_i)}{ln\left(1-\frac{CF}{10000}\right)}\right]^{\frac{1}{5}}\right) \tag{44}$$

⇨ voir la **Figure 22**.

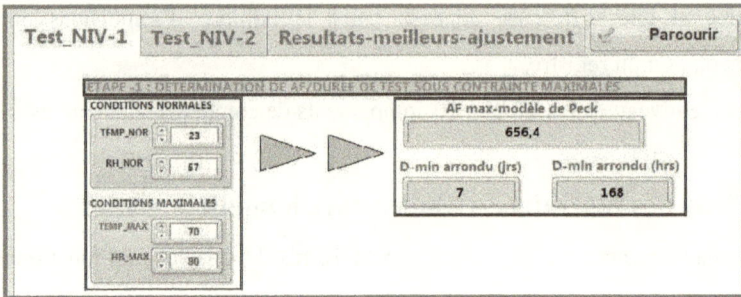

Figure 22 : Durée minimale de la contrainte maximale via Labview

II.6. Lancement du test et enregistrement des résultats

a. Niveau I

- Au niveau de l'application Labview, un tableau récapitulatif des défaillances présente pour chaque mode de panne, la fiabilité ainsi que les instants de défaillance correspondants classés dans l'ordre croissant.

A chaque valeur de l'instant enregistrée est associée une durée de fonctionnement avant défaillance et une estimation du défaut de fiabilité.

A ce niveau nous avons paramétré l'étuve à la contrainte maximale puis nous avons suivi les étapes suivantes :

- nous alimentons les équipements sous une tension U_n = 230 V en leur appliquant une charge de 10% I_{max} délivrée par le générateur étalon.

- l'essai est lancé; un dispositif émetteur d'impulsions, synchrone avec les « Flash LED » est bien câblé pour déterminer la consommation d'énergie et la comparer en même temps avec la consommation calculée par le compteur de référence. Les instants des valeurs hors tolérance seront enregistrés sous forme de durées de fonctionnement avant défaillance notées TTF_i.

- Une inspection aura lieu chaque IT_s = 1h (intervalle d'inspection) pour vérifier l'état des équipements au cours du test, ceci sera vérifié à l'aide d'un voyant rouge qui se déclenche à chaque instant TTF_i détecté.

- Dans le cas où il existe une défaillance, le test sera interrompu pour réparer le compteur et identifier le mode de panne associé avant de le mettre de nouveau à l'essai.

- Une fiche de suivi et d'enregistrement sera remplie tout au long de la période de test. {la durée du test est déterminée lorsque trois défaillances au moins ont été détectées pour chaque mode de pannes sinon elle est égale à $2xD_{min}$}.

- Les enregistrements assurés par le logiciel CAMCAL seront utilisés pour les calculs d'estimation de la fiabilité à l'aide de l'application Labview.

- Au niveau de l'application Labview, un tableau récapitulatif des défaillances présente pour chaque mode de panne, la fiabilité ainsi que les instants de défaillance correspondants classés dans l'ordre croissant.

A chaque valeur de l'instant enregistrée est associée une durée de fonctionnement avant défaillance et une estimation du défaut de fiabilité.

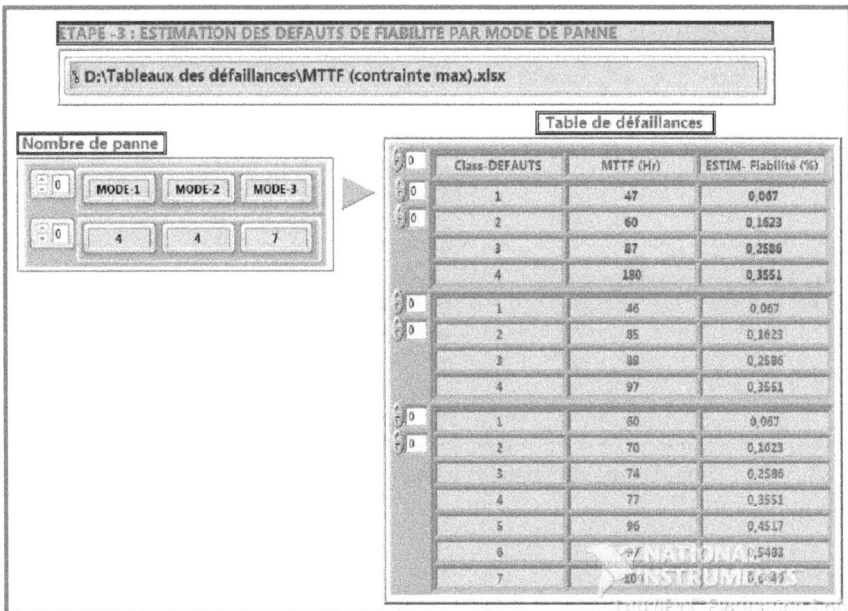

Figure 23 : Table des défaillances T = 70°C/ RH = 80%

b. Niveau II

La même démarche du test de la contrainte maximale sera répétée pour chaque niveau afin de construire les tableaux indiquant les instants de défaillances détectés et les estimations de la fiabilité associées. L'interface de la **Figure 24** illustre les résultats des estimations de fiabilité et des instants de défaillance associés au niveau de contrainte T = 70°C, RH = 75%.

Remarque : La durée de l'essai s'écoule lorsque 3 défaillances au moins ont été détectées pour chaque mode de panne.

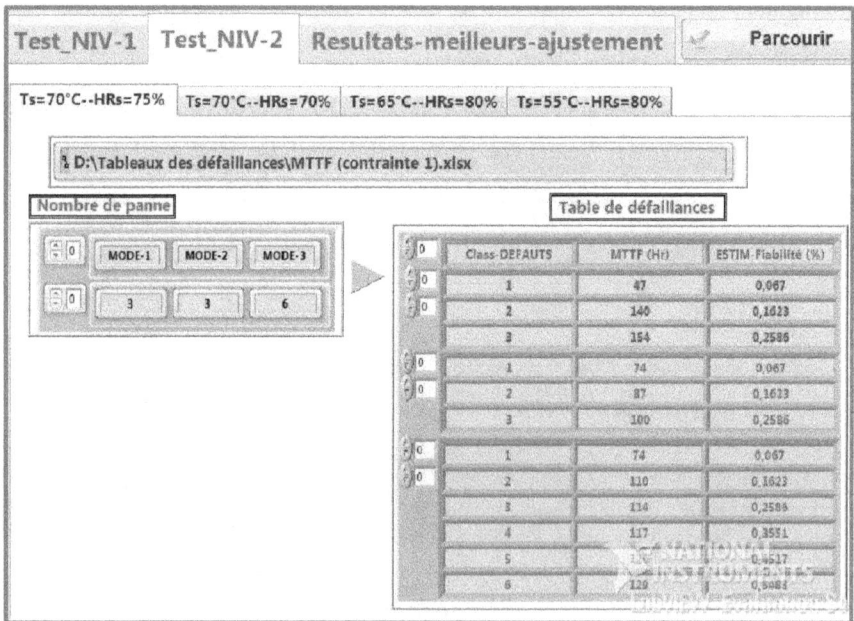

Figure 24 : Défaillances enregistrées à une température T = 70°C avec RH = 75%

II.7. Estimation des paramètres de Weibull et analyse des distributions de défaillances

Pour un niveau de confiance de 50%, nous avons estimé les paramètres (Bêta, Eta) par la méthode de régression des moindres carrés.

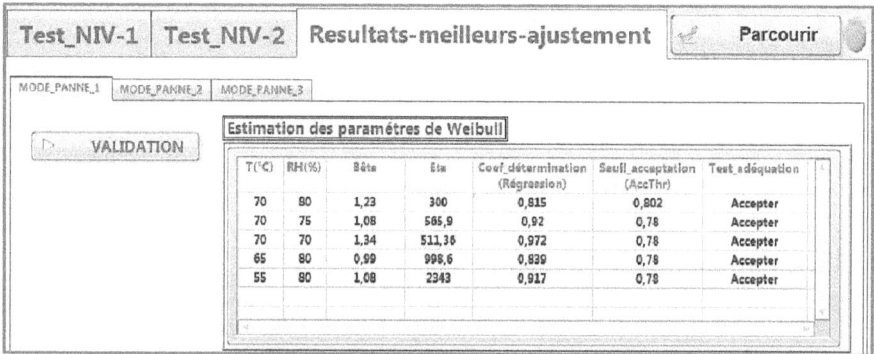

| Test_NIV-1 | Test_NIV-2 | Resultats-meilleurs-ajustement | | Parcourir | |

MODE_PANNE_1 | MODE_PANNE_2 | MODE_PANNE_3

VALIDATION

Estimation des paramètres de Weibull

T(°C)	RH(%)	Bêta	Eta	Coef_détermination (Régression)	Seuil_acceptation (AccThr)	Test_adéquation
70	80	1,23	300	0,815	0,802	Accepter
70	75	1,08	585,9	0,92	0,78	Accepter
70	70	1,34	511,36	0,972	0,78	Accepter
65	80	0,99	998,6	0,839	0,78	Accepter
55	80	1,08	2343	0,917	0,78	Accepter

Figure 25 : Interface distribution de Weibull de meilleur ajustement Mode 1

Les résultats (instants de défaillances détectés) obtenus seront traités statistiquement à l'aide du logiciel Minitab en appliquant les lois de Weibull.

Il s'agit de tracer les défauts de fiabilité en fonction des instants de défaillance (**Figure 26**).

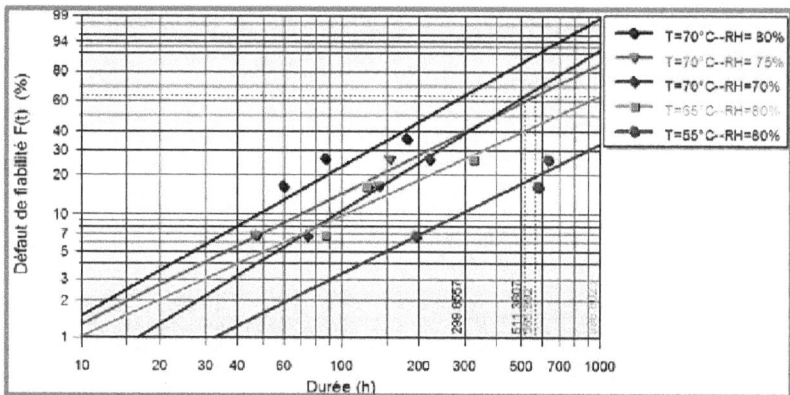

Figure 26 : Représentation graphique des défaillances du mode de panne 1

II.8. Estimation des paramètres des facteurs d'accélération

Pour chaque mode de panne principal indépendant, nous avons évalué automatiquement les paramètres du facteur d'accélération (Ea et n) par régression, sur la base des paramètres de l'échelle de Weibull obtenus à chaque niveau de contrainte. La **Figure 27** montre un extrait de l'application présentant les valeurs d'énergie active Ea et du coefficient n pour le mode de panne M1. (Les tableaux des modes 2 et 3 sont représentés dans l'**Annexe E**).

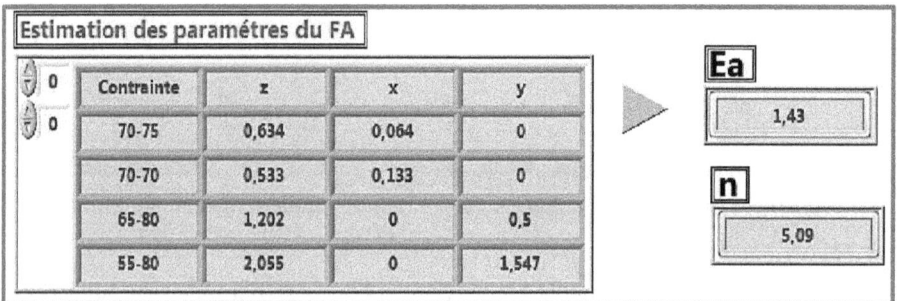

Figure 27 : Tableau des résultats de la régression (estimation de Ea et n) du mode de panne 1

II.9. Correction de la température annuelle moyenne pour chaque mode de défaillance

En considérant la démarche présentée au niveau de l'étude préliminaire de ce chapitre, nous calculons les températures et les humidités relatives moyennes annuelles de la région concernée pour les différentes valeurs de (Ea, n) déjà estimées pour chaque mode de panne **(Annexe E)**.

- Pour les défaillances de mode 1, avec n = 5.09 et Ea = 1.43 eV:
  - ➤ température moyenne annuelle: 23°C;
  - ➤ humidité relative moyenne annuelle: 63%.

- Pour les défaillances de mode 2, avec n = 2.43 et Ea = 0.927eV:
  - ➢ température moyenne annuelle: 23°C;
  - ➢ humidité relative moyenne annuelle: 62%.
- Pour les défaillances de mode 3, avec n = 5.62 et Ea = 1.011eV:
  - ➢ température moyenne annuelle: 23°C;
  - ➢ humidité relative moyenne annuelle: 63%.

Exemple : le calcul de la température et l'humidité moyenne annuelle du mode de défaillance 1 :

$$AT_i = e^{\frac{1.43}{8.61 E^{-5}}\left(\frac{1}{23+273} - \frac{1}{6.4+273}\right)} = 0.04 \quad \rightarrow \quad AT_{moy} = 1.06$$

$$\rightarrow \quad T_u = \frac{1}{\frac{1}{23} - \frac{8.61 E^{-5}.\ln(1.0 4)}{1.43}} = 23 \,°C$$

$$AH_i = \left(\frac{0.5}{7 0}\right)^{-5.09} \quad \rightarrow \quad AH_{average} = 3.239 \quad \rightarrow \quad RH_u = \frac{0.5}{3.239^{-\frac{1}{5.0 9}}} = 63 \,\%$$

Apres avoir déterminé les différentes valeurs moyennes annuelles des températures et des humidités, nous calculons les facteurs d'accélération d'Arrhenius FA = $e^{\frac{Ea}{k}\left(\frac{1}{T_n} - \frac{1}{T_i}\right)}$ par rapport aux températures mesurées à la tension Un et l'intensité de courant 10% Imax en tenant compte des estimations de Ea (**Figure 28**).

VALIDATION

Tn(°C)

23

Tu(°C)

23

RHu(%)

63

Correction de la Température

Tension	Courant	Durée (%tn)	U (x Un)	I (x Imax)	T(°C)	AF
0,85Un<U<0,95Un	0<I<0,1Imax	3	0,85	0,1	25,7	0,95
0,85Un<U<0,95Un	0,2<I<0,3Imax	1,5	0,85	0,3	27,1	1,23
0,85Un<U<0,95Un	0,5<I<0,6Imax	0,9	0,85	0,5	29,8	2,01
0,85Un<U<0,95Un	0,6<I<0,7Imax	0,4	0,85	0,7	33,9	4,17
0,85Un<U<0,95Un	0,9<I<Imax	0,1	0,85	1	42,7	18,84
0,95Un<U<1,05Un	0<I<0,1Imax	24	1	0,1	26	1
0,95Un<U<1,05Un	0,2<I<0,3Imax	12	1	0,3	27,4	1,3
0,95Un<U<1,05Un	0,5<I<0,6Imax	7,2	1	0,6	30,1	2,12
0,95Un<U<1,05Un	0,6<I<0,7Imax	3,2	1	0,7	34,2	4,4
0,95Un<U<1,05Un	0,9<I<Imax	0,8	1	1	43	19,8
1,05Un<U<1,15Un	0<I<0,1Imax	3	1,15	0,1	26,3	1,06
1,05Un<U<1,15Un	0,2<I<0,3Imax	1,5	1,15	0,3	27,7	1,37
1,05Un<U<1,15Un	0,5<I<0,6Imax	0,9	1,15	0,5	30,4	2,24
1,05Un<U<1,15Un	0,6<I<0,7Imax	0,4	1,15	0,7	34,5	4,64
1,05Un<U<1,15Un	0,9<I<Imax	0,1	1,15	1	43,3	20,82

AF_moy

1,06

Tint_moy(°C)

26,31

Correction(°C)

0,31

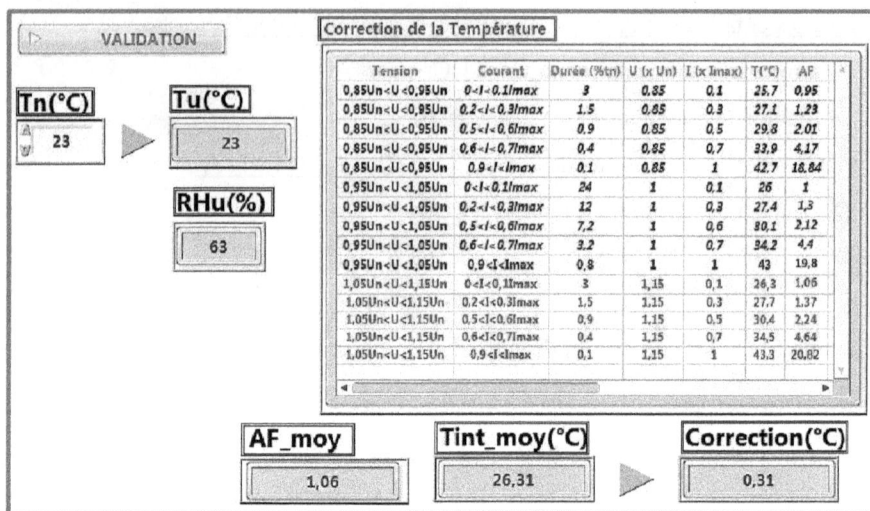

Figure 28 : Facteurs d'accélération d'Arrhenius et température interne corrigées

(mode de panne 1)

<u>Par exemple :</u> à partir des valeurs de la ligne sept (**Figure 28**) où la température est de 26°C, nous avons obtenu les résultats suivants :

$$FA_{moy} = \frac{\sum(FA \times Proportion\ of\ time)}{100} = 1.06$$

$$Tint_{moy} = \frac{1}{\frac{1}{T_n} - \frac{k}{Ea}\ln(FA_{moy})} = \frac{1}{\frac{1}{26+273} - \frac{k}{1.43}\ln(1.0\,6)} = 26.31°C$$

Par conséquence la valeur corrigée de la température est déterminée comme suit :

$$correction = Tint_{moy} - T_n = 26.31 - 26 = 0.31°C$$

<u>Remarque :</u> Le même principe de calcul a été effectué pour les autres modes de panne. (**Annexe F**)

Enfin, nous avons calculé les facteurs d'accélérations de Peck pour chaque mode de panne dans les cinq contraintes de test.

Exemple : le calcul du facteur d'accélération FA du mode de panne 1 à la contrainte maximale est le suivant : $AF = \left(\frac{63}{80}\right)^{-5.09} e^{\frac{1.43}{8.61E^{-5}}\left(\frac{1}{273+23+0.31}-\frac{1}{70+273}\right)} = 6902.352$

Le même principe de calcul a été effectué pour les autres modes de pannes aux différentes contraintes du test (**Figure 29**).

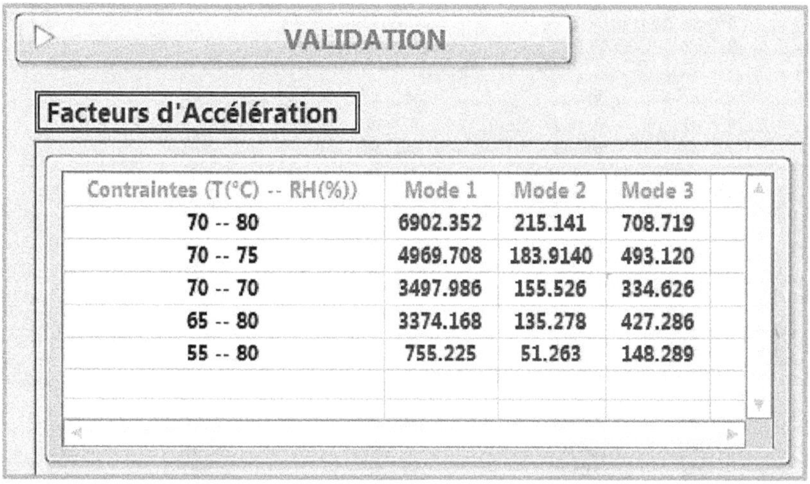

Contraintes (T(°C) -- RH(%))	Mode 1	Mode 2	Mode 3
70 -- 80	6902.352	215.141	708.719
70 -- 75	4969.708	183.9140	493.120
70 -- 70	3497.986	155.526	334.626
65 -- 80	3374.168	135.278	427.286
55 -- 80	755.225	51.263	148.289

Figure 29 : Facteur d'accélération pour chaque mode de panne (labview)

II.10. Résultats et extrapolation des défaillances pour les conditions d'utilisation normales

Pour chaque mode de panne, nous procédons à:

- extrapoler chaque donnée relative à la durée de fonctionnement avant défaillance pour les conditions d'utilisation normales
- tracer toutes les données relatives à la durée de fonctionnement avant défaillance et les estimations
- de défaut de la fiabilité associée sur un diagramme de Weibull.

- évaluer, par régression, les paramètres de la distribution de Weibull applicable à une utilisation finale.

La **Figure 30** représente les défaillances extrapolées dans les conditions d'utilisation normale, pour le premier mode de panne.

Extrapolation des TTF pour chaque mode de panne

Mode de panne 1 ▾

TTF (Hr)	TTF extrapolés (Hr)	Contraintes (T(°C) -- RH(%))	Défauts de fiabilité
47	324411	70 -- 80	0,067
60	414141	70 -- 80	0,1623
87	600505	70 -- 80	0,2586
180	1242423	70 -- 80	0,3551
47	233576	70 -- 75	0,067
140	695759	70 -- 75	0,1623
154	765335	70 -- 75	0,2586
74	258851	70 -- 70	0,067
127	444244	70 -- 70	0,1623
220	769557	70 -- 70	0,2586
87	293553	65 -- 80	0,067
126	425145	65 -- 80	0,1623
327	1103353	65 -- 80	0,2586
194	146514	55 -- 80	0,067
580	438031	55 -- 80	0,1623
634	478813	55 -- 80	0,2586

Figure 30 : Tableau d'extrapolations des instants de défaillances du mode de panne 1 dans les conditions d'utilisation normale

<u>Exemple de calcul de l'instant de défaillance extrapolé TTF :</u> la première ligne du tableau de la **Figure 34** est obtenue comme suit :

• la colonne 1 : durées de fonctionnement avant défaillance (47 h).

• la colonne 2 : la durée de fonctionnement avant défaillance est multipliée par le facteur d'accélération 6902,352. Ce résultat donne la durée de fonctionnement avant défaillance extrapolée 324411.

- la colonne 3 : représente le niveau de contrainte de la température et de l'humidité relative T = 70°C et RH = 80%.
- la colonne 4 : représente l'estimation du défaut de fiabilité de la durée de fonctionnement avant défaillance (0.067).

Remarque : Le même principe de calcul a été effectué pour les autres modes de panne. (**Annexe G**)

Nous avons alors représenté graphiquement (**Figure 31**), à partir du tableau de la **Figure 30**, les défauts de fiabilité en fonction des instants TTF extrapolés.

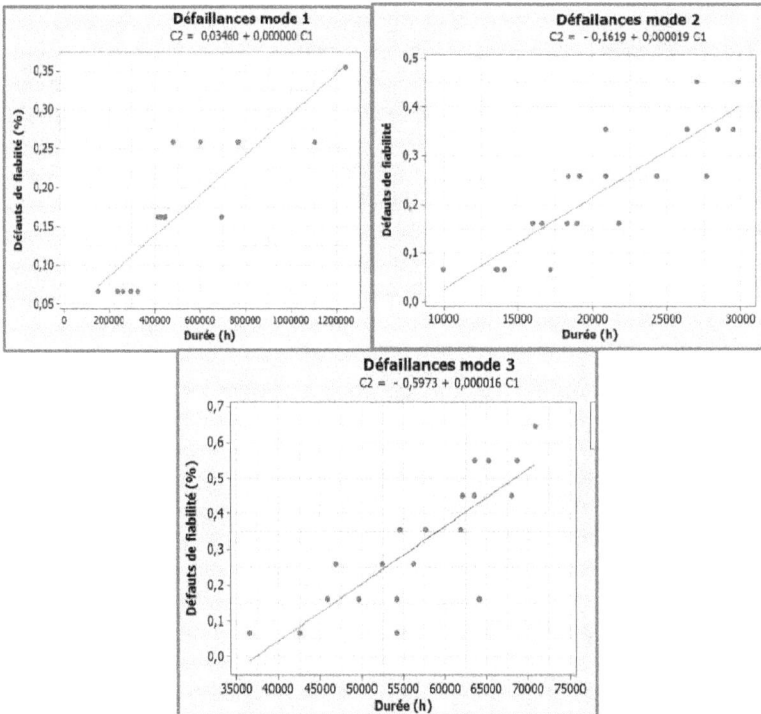

Figure 31 : Représentation graphique des défaillances dans les conditions d'utilisation normale

Par la suite, nous avons estimé (tableau de la **Figure 32**), par la régression des moindres carrées, les paramètres de la distribution de Weibull du meilleur ajustement (Bêta, Eta)

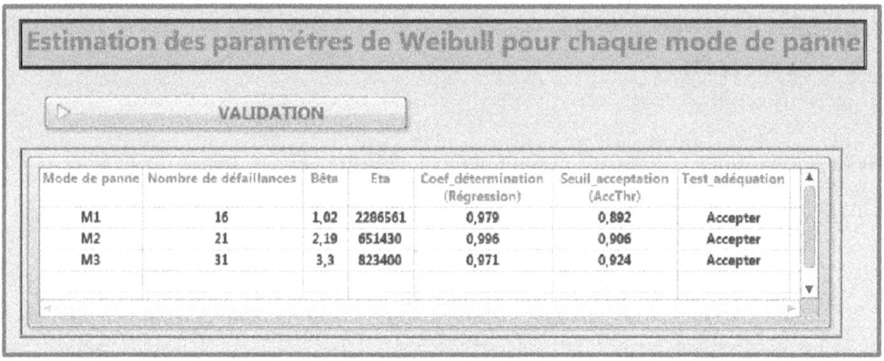

Estimation des paramètres de Weibull pour chaque mode de panne

VALIDATION

Mode de panne	Nombre de défaillances	Bêta	Eta	Coef_détermination (Régression)	Seuil_acceptation (AccThr)	Test_adéquation
M1	16	1,02	2286561	0,979	0,892	Accepter
M2	21	2,19	651430	0,996	0,906	Accepter
M3	31	3,3	823400	0,971	0,924	Accepter

Figure 32 : Interface distribution de Weibull du meilleur ajustement dans les conditions d'utilisation normale

II.11. Interprétation des résultats des caractéristiques de la durée de vie du produit

A partir de la distribution de Weibull applicable à chaque mode de panne principal indépendant dans les conditions d'utilisation normale, nous avons représenté graphiquement sur Minitab (**Figure 33**) les caractéristiques de la durée de vie de l'équipement de comptage d'énergie électrique C1000 définies par la fonction de la fiabilité R(t) :

$$R(t) = R_1(t) \; x \; R_2(t) \; x \; R_3(t) \; \rightarrow \; R(t) = e^{-\left(\frac{t}{2286561}\right)^{1.02}} . e^{-\left(\frac{t}{651430}\right)^{2,19}} . e^{-\left(\frac{t}{823400}\right)^{3.3}}$$

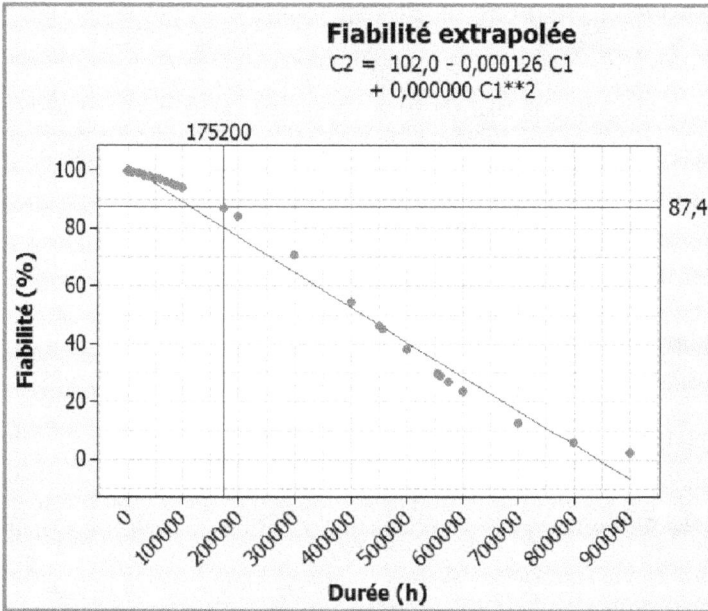

Figure 33 : Fonction de fiabilité extrapolée dans les conditions d'utilisation normale

En s'intéressant à la durée de vie du compteur C1000 exigée par le cahier des charges à 20 ans (175200 heures), et d'après la courbe d'estimation de la fiabilité par rapport au temps (**Figure 33**), nous avons constaté que la fiabilité de ce produit est de 87,354%. Ce résultat ne répond pas aux caractéristiques déjà fixées auparavant (**étape 1**).

Dans ces conditions, il faut d'abord calculer le défaut de fiabilité de chaque mode de panne comme suit :

$$F_1(175200) = 1 - e^{-\left(\frac{175200}{228665,61}\right)^{1,02}} = 7,019\% \rightarrow \text{Le mode de panne le plus critique.}$$

$$F_2(175200) = 1 - e^{-\left(\frac{175200}{651430}\right)^{2,19}} = 5,480\%$$

$$F_3(175200) = 1 - e^{-\left(\frac{175200}{823400}\right)^{3,3}} = 0,603\%$$

Nous avons remarqué alors que le mode de panne 1 a un pourcentage de défaut de fiabilité plus élevé, donc l'analyse des défaillances ça sera au tour de ce mode, et avec ce résultat, il faut par la suite, informer le service concerné (service maintenance) pour faire les diagnostiques nécessaires et déterminer les points faibles (en termes de fiabilité) concernant cet ensemble de pannes au premier temps ainsi que les autres modes au second temps.

Conclusion

Après la réalisation de l'essai de vieillissement accéléré, nous avons interprété les résultats afin de vérifier les caractéristiques (fiabilité/durée de vie) à atteindre dans le but d'élaborer les données nécessaires qui peuvent aider l'équipe concernée à améliorer la fiabilité du produit en assurant un niveau de confiance souhaité ou à confirmer la garantie prévue.

Conclusion générale

Dans le cadre de ce projet de fin d'études, nous avons eu à mettre en place un banc d'essai instrumenté pour pouvoir mener des tests accélérés de type ALT sous contraintes de chaleur-humide.

Une compagne de mesures a été menée sur un ensemble de 50 compteurs, chaque groupe des 10 compteurs a été exposé à une contrainte spécifique de nature climatique pendant une période d'essai bien déterminée en excédant les valeurs habituelles.

Dans ce contexte, nous avons reparti le travail en trois parties comme suit :

Dans un premier temps, nous avons effectué une étude sur la notion de la fiabilité avec les différentes lois physiques et statistiques nécessaires à son estimation, évaluation et analyse.

Dans un second temps, nous avons étudié les différents points du test à réaliser, en se basant sur les aspects décrits au niveau de cahier des charges à exécuter. Pour ce faire, nous nous sommes concentrés uniquement sur les modes de défaillances illustrés dans l'historique des pannes, afin de l'utiliser dans le plan d'essai puis nous avons passé à la réalisation du test qui comprend les éléments essentiels suivants:

- une interface LabVIEW qui permet, d'une part, d'assurer la communication avec CAMCAL (logiciel accomplissant les besoins de contrôle des équipements en test), de faire les calculs nécessaires et d'enregistrer les données traitées. D'autre part, elle assure le suivi du test, l'affichage des résultats du calcul nécessaires à l'analyse et de l'interprétation à la fin de l'essai.

- un traitement de données via Minitab, logiciel de calcul et de traitement des données enregistrées auparavant, et ceci par la détermination des paramètres des lois de distribution et l'extrapolation des résultats des estimations de fiabilité dans les conditions d'utilisation normale.

Ce travail du projet permet de donner les appuis méthodologiques et les concepts de bases des essais de fiabilités expérimentales et sous simulations afin de qualifier et garantir la durée de vie des compteurs d'énergie électrique.

En termes de perspectives, ce banc élaboré pour des essais de vieillissement accéléré présente un modèle d'estimation de fiabilité et de vérification de durée de vie des compteurs soumis à une seule contrainte de type chaleur-humidité. Cette solution, en tant qu'étape d'essai appliqué au niveau de la phase de qualification, peut servir à améliorer les prédictions concernant l'évolution de la fiabilité en fonction d'autres contraintes telles que les vibrations, les surtensions et les courants forts combinées.

Bibliographie

[1] Rémi LARONDE, Thèse de doctorat, Fiabilité et durabilité d'un système complexe dédié aux énergies renouvelables Application à un système photovoltaïque, Ecole Doctorale Sciences et Technologie de l'Information et Mathématiques, ISTI d'Angers, 2011.

[2] Alain Villemeur, Sûreté de fonctionnement des systèmes industriels : fiabilité, facteurs humains, informatisation, Eyrolles, 1988 - 795 pages.

[3] Alain Pagès, Michel Gondran, Fiabilité des systèmes, Eyrolles, 1980 - 323 pages.

[4] Arnold Kaufmann, La confiance technique : théorie mathématique de la fiabilité, Dunod, 1969 - 79 pages.

Netographie

www.Weibull.com: Site Web dédié à l'ingénierie de la fiabilité *(Consulter le 22/03/2014)*

www.weatheronline.co.uk: Site Web fournissant des données relatives au calcul des températures et humidité moyennes annuelles (*Consulter le 08/03/2014*)

www.weibull.reliasoft.com : Site Web fournissant une description logicielle d'analyse de données de survie (Analyse de Weibull) [EN]. *(Consulter le 15/05/2014)*

ANNEXES

Annexe A :

Pour chaque numéro de classement de la durée de fonctionnement avant défaillance, un extrait (la norme **CEI 62059-31-1**) donne l'estimation du défaut de fiabilité pour un niveau de confiance de 5%, 10%, 50%, 90% et 95%. Avec un échantillon de 10.

Tableau 3 : Classement des TTF

Effectif	Numéro de classe ment	5 %	10 %	50 %	90 %	95 %
10	0,5	0,0002	0,0008	0,0219	0,1236	0,1708
	1,0	0,0051	0,0105	0,0670	0,2057	0,2589
	1,5	0,0179	0,0295	0,1143	0,2746	0,3306
	2,0	0,0368	0,0545	0,1623	0,3369	0,3942
	2,5	0,0602	0,0836	0,2104	0,3948	0,4525
	3,0	0,0873	0,1158	0,2586	0,4496	0,5069
	3,5	0,1173	0,1506	0,3068	0,5018	0,5581
	4,0	0,1500	0,1876	0,3551	0,5517	0,6066
	4,5	0,1851	0,2265	0,4034	0,5997	0,6527
	5,0	0,2224	0,2673	0,4517	0,6458	0,6965
	5,5	0,2619	0,3099	0,5000	0,6901	0,7381
	6,0	0,3085	0,3542	0,5483	0,7327	0,7776
	6,5	0,3473	0,4003	0,5966	0,7735	0,8149
	7,0	0,3934	0,4483	0,6449	0,8124	0,8500
	7,5	0,4419	0,4982	0,6932	0,8494	0,8827
	8,0	0,4931	0,5504	0,7414	0,8842	0,9127
	8,5	0,5475	0,6052	0,7896	0,9164	0,9398
	9,0	0,6058	0,6632	0,8377	0,9455	0,9632
	9,5	0,6694	0,7254	0,8857	0,9705	0,9821
	10,0	0,7411	0,7943	0,9330	0,9895	0,9949

Annexe B :

Pour pouvoir calculer, par régression des moindres carrés/par catégories, les paramètres du facteur d'accélération n et Ea, l'équation du facteur d'accélération doit être transformée en une forme linéaire. En commençant le calcul par l'équation du facteur d'accélération : $FA = \left(\dfrac{RH_u}{RH_s}\right)^{-n} e^{\frac{Ea}{k}\left(\frac{1}{T_u}-\frac{1}{T_s}\right)}$

On obtient : $\ln(FA) = -n \ln\left(\dfrac{RH_u}{RH_s}\right) + \dfrac{Ea}{k}\left(\dfrac{1}{T_u} - \dfrac{1}{T_s}\right)$

L'équation du facteur d'accélération au niveau de contrainte défini par T_{max} et RH_{max} est la suivante :

$$\ln(FA_{TmaxRHmax}) = -n \ln\left(\frac{RH_u}{RH_{max}}\right) + \frac{Ea}{k}\left(\frac{1}{T_u} - \frac{1}{T_{max}}\right)$$

Avec : $\dfrac{FA_{TmaxRHmax}}{FA_{TRH}} = \dfrac{\eta_{TRH}}{\eta_{TmaxRHmax}}$

On obtient : $\ln\left(\dfrac{\eta_{TRH}}{\eta_{TmaxRHmax}}\right) = -n \ln\left(\dfrac{RH}{RH_{max}}\right) + \dfrac{Ea}{k}\left(\dfrac{1}{T} - \dfrac{1}{T_{max}}\right)$

Qui peut s'écrire sous la forme Z = nX + EaY, les valeurs correspondant à chaque niveau de contrainte étant représentées dans le **Tableau 4** :

Tableau 4 : Valeurs des estimations par régression

contrainte	Z	X	Y
Tmax,RHmed	$\ln\left(\dfrac{\eta_{TmaxRHmed}}{\eta_{TmaxRHmax}}\right)$	$-\ln\left(\dfrac{RH_{med}}{RH_{max}}\right)$	0
Tmax,RHmin	$\ln\left(\dfrac{\eta_{TmaxRHmin}}{\eta_{TmaxRHmax}}\right)$	$-\ln\left(\dfrac{RH_{med}}{RH_{max}}\right)$	0
Tmed,RHmax	$\ln\left(\dfrac{\eta_{TmedRHmax}}{\eta_{TmaxRHmax}}\right)$	0	$\dfrac{1}{k}\left(\dfrac{1}{T_{med}} - \dfrac{1}{T_{max}}\right)$
Tmin,RHmax	$\ln\left(\dfrac{\eta_{TminRHmax}}{\eta_{TmaxRHmax}}\right)$	0	$\dfrac{1}{k}\left(\dfrac{1}{T_{min}} - \dfrac{1}{T_{max}}\right)$

Selon le principe de la régression des moindres carrés/par catégories l'éstimation de

Ea et n est comme suit : $Ea = -\dfrac{\sum_1^4 Y_i Z_i \sum_1^4 X_i^2 - \sum_1^4 X_i Z_i \sum_1^4 X_i Y_i}{\left(\sum_1^4 X_i Y_i\right)^2 - \sum_1^4 X_i^2 \sum_1^4 Y_i^2}$ et

$n = \dfrac{\sum_1^4 X_i Z_i - Ea \sum_1^4 X_i Y_i}{\sum_1^4 X_i^2}$

Annexe C :

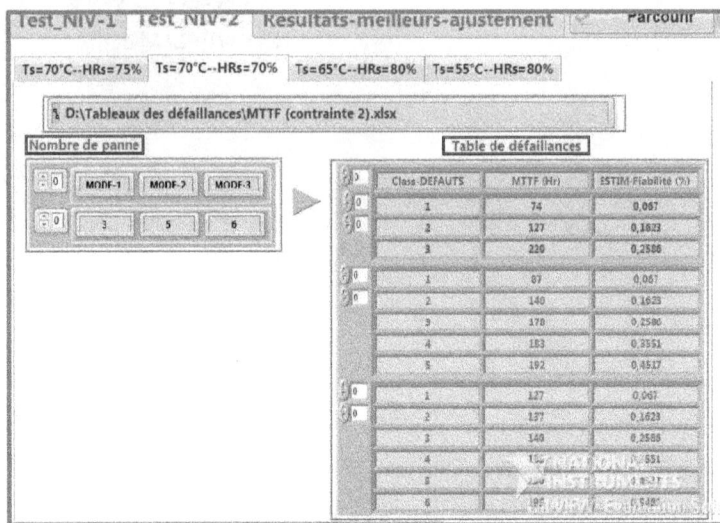

Figure 34 : Défaillances enregistrées à une température T = 70°C avec RH = 70%

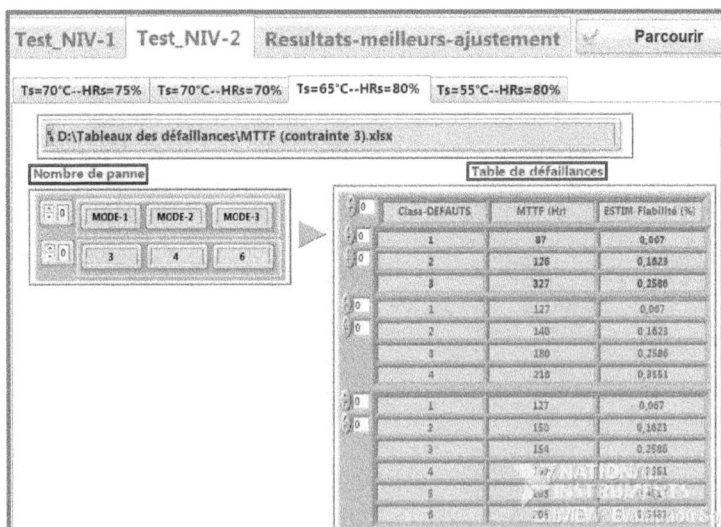

Figure 35 : Défaillances enregistrées à une température T = 65°C avec RH = 80%

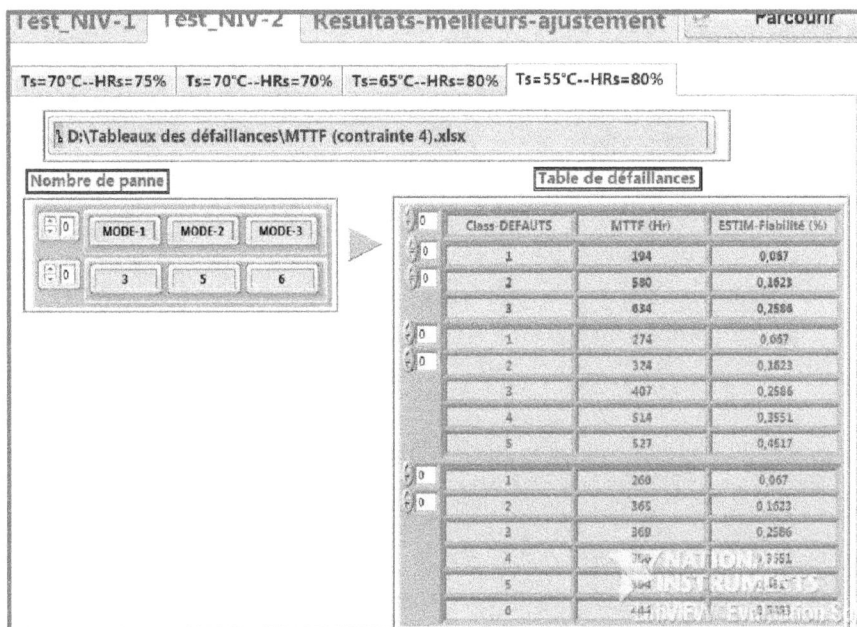

Figure 36 : Défaillances enregistrées à une température T = 55°C avec RH = 80%

Annexe D :

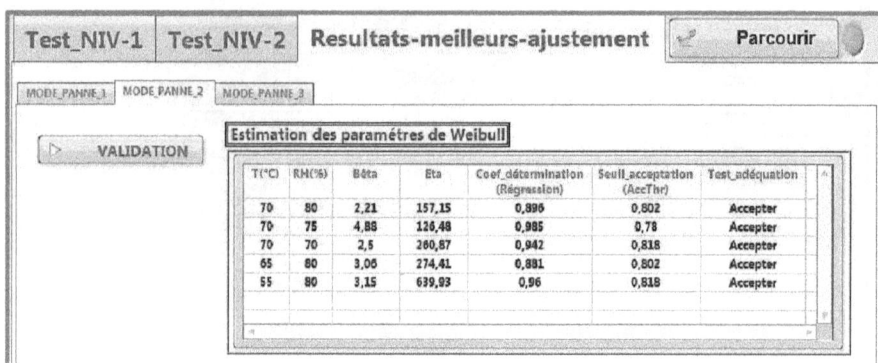

T(°C)	RH(%)	Béta	Eta	Coef_détermination (Régression)	Seuil_acceptation (AccThr)	Test_adéquation
70	80	2,21	157,15	0,896	0,802	Accepter
70	75	4,88	126,48	0,985	0,78	Accepter
70	70	2,5	260,87	0,942	0,818	Accepter
65	80	3,06	274,41	0,881	0,802	Accepter
55	80	3,15	639,93	0,96	0,818	Accepter

Figure 37 : Interface distribution de Weibull de meilleur ajustement Mode 2

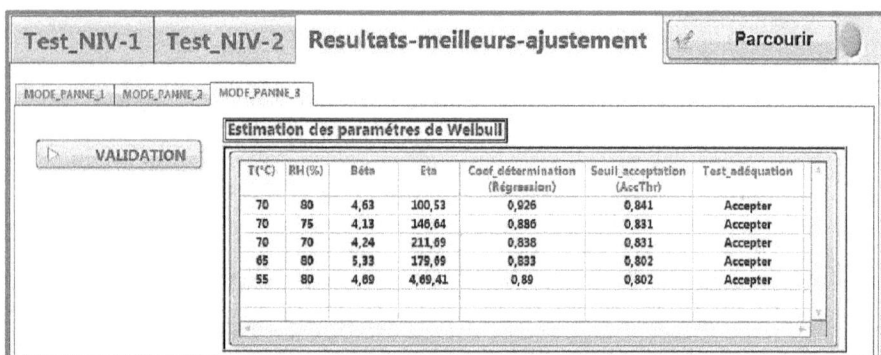

T(°C)	RH(%)	Béta	Eta	Coef_détermination (Régression)	Seuil_acceptation (AccThr)	Test_adéquation
70	80	4,63	100,53	0,926	0,841	Accepter
70	75	4,13	146,64	0,886	0,831	Accepter
70	70	4,24	211,69	0,838	0,831	Accepter
65	80	5,33	179,69	0,833	0,802	Accepter
55	80	4,69	4,69,41	0,89	0,802	Accepter

Figure 38 : Interface distribution de Weibull de meilleur ajustement Mode 3

Annexe E :

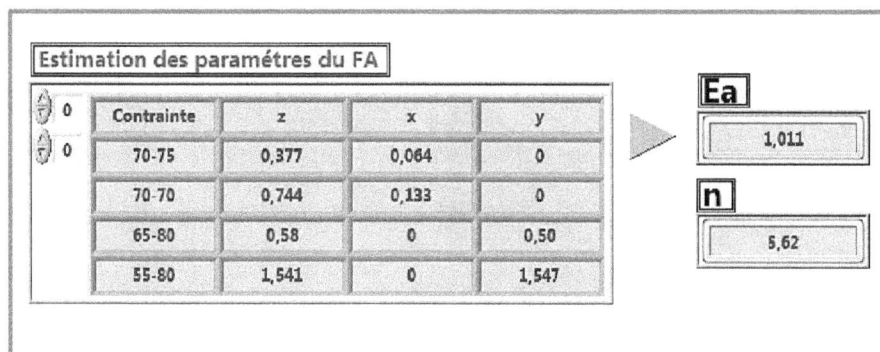

Figure 39 : Tableau des résultats de la régression (estimation de Ea et n) du mode de panne 2

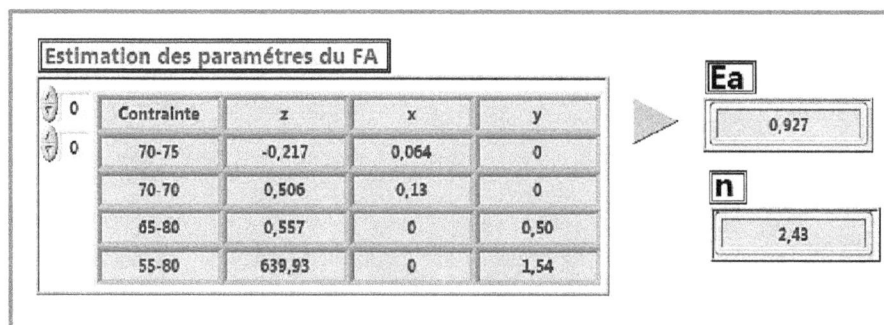

Figure 40 : Tableau des résultats de la régression (estimation de Ea et n) du mode de panne 3

Annexe F :

Tableau 5 : Température/humidité de la Tunisie

		Ti (°C)	RHi	Mode 1 ATi	Mode 1 AHi	Mode 2 ATi	Mode 2 AHi	Mode 3 ATi	Mode 3 AHi
Janvier	Min	6,4	70	0,04	5,54	0,11	2,27	0,09	6,63
	Max	14,7		0,20		0,35		0,32	
Février	Min	6,5	72	0,04	6,40	0,11	2,43	0,10	7,76
	Max	15,7		0,24		0,39		0,37	
Mars	Min	8,2	69	0,05	5,15	0,14	2,19	0,12	6,11
	Max	17,6		0,35		0,51		0,48	
Avril	Min	10,4	54	0,08	1,48	0,20	1,21	0,17	1,54
	Max	20,3		0,60		0,71		0,69	
Mai	Min	13,8	54	0,17	1,48	0,31	1,21	0,28	1,54
	Max	24,4		1,30		1,19		1,21	
Juin	Min	17,7	55	0,36	1,62	0,51	1,26	0,49	1,71
	Max	28,9		2,99		2,05		2,17	
Juillet	Min	20,1	56	0,57	1,78	0,70	1,32	0,68	1,89
	Max	32,4		5,62		3,10		3,39	
Aout	Min	20,7	60	0,64	2,53	0,75	1,56	0,73	2,79
	Max	32,3		5,52		3,06		3,34	
Septembre	Min	19	65	0,46	3,80	0,60	1,89	0,58	4,37
	Max	29,2		3,16		2,12		2,26	
Octobre	Min	15,2	65	0,22	3,80	0,37	1,89	0,34	4,37
	Max	24,6		1,35		1,22		1,24	
Novembre	Min	10,7	60	0,09	2,53	0,20	1,56	0,18	2,79
	Max	19,6		0,52		0,65		0,63	
Décembre	Min	7,5	61	0,05	2,75	0,13	1,62	0,11	3,06
	Max	15,8		0,25		0,40		0,37	
				Ta	23	Ta	23	Ta	23
				Ea 1	1,43	Ea 2	0,937	Ea 3	1,011
				k	0,00008617	k	0,00008617	K	0,00008617
				n 1	5,09	n 2	2,43	n 3	5,62
				ATaverage	1,04	ATaverage	0,83	ATaverage	0,85
				AHaverage	3,239	AHaverage	1,698	AHaverage	3,712
				Tu	23,0	Tu	23,0	Tu	23,0
				RHu	63	RHu	62	RHu	63

Correction de la Température

Tension	Courant	Durée (%tn)	U (x Un)	I (x Imax)	T(°C)	AF
0,85Un<U<0,95Un	0<I<0,1Imax	3	0,85	0,1	25,7	0,96
0,85Un<U<0,95Un	0,2<I<0,3Imax	1,5	0,85	0,3	27,1	1,14
0,85Un<U<0,95Un	0,5<I<0,6Imax	0,9	0,85	0,5	29,8	1,57
0,85Un<U<0,95Un	0,6<I<0,7Imax	0,4	0,85	0,7	33,9	2,52
0,85Un<U<0,95Un	0,9<I<Imax	0,1	0,85	1	42,7	6,71
0,95Un<U<1,05Un	0<I<0,1Imax	24	1	0,1	26	1
0,95Un<U<1,05Un	0,2<I<0,3Imax	12	1	0,3	27,4	1,18
0,95Un<U<1,05Un	0,5<I<0,6Imax	7,2	1	0,6	30,1	1,63
0,95Un<U<1,05Un	0,6<I<0,7Imax	3,2	1	0,7	34,2	2,61
0,95Un<U<1,05Un	0,9<I<Imax	0,8	1	1	43	6,93
1,05Un<U<1,15Un	0<I<0,1Imax	3	1,15	0,1	26,3	1,04
1,05Un<U<1,15Un	0,2<I<0,3Imax	1,5	1,15	0,3	27,7	1,23
1,05Un<U<1,15Un	0,5<I<0,6Imax	0,9	1,15	0,5	30,4	1,69
1,05Un<U<1,15Un	0,6<I<0,7Imax	0,4	1,15	0,7	34,5	2,7
1,05Un<U<1,15Un	0,9<I<Imax	0,1	1,15	1	43,3	7,16

VALIDATION

Tn(°C) 23 Tu(°C) 23 RHu(%) 62

AF-moy	Tint_moy(°C)	Correction(°C)
1,25	27,87	1,87

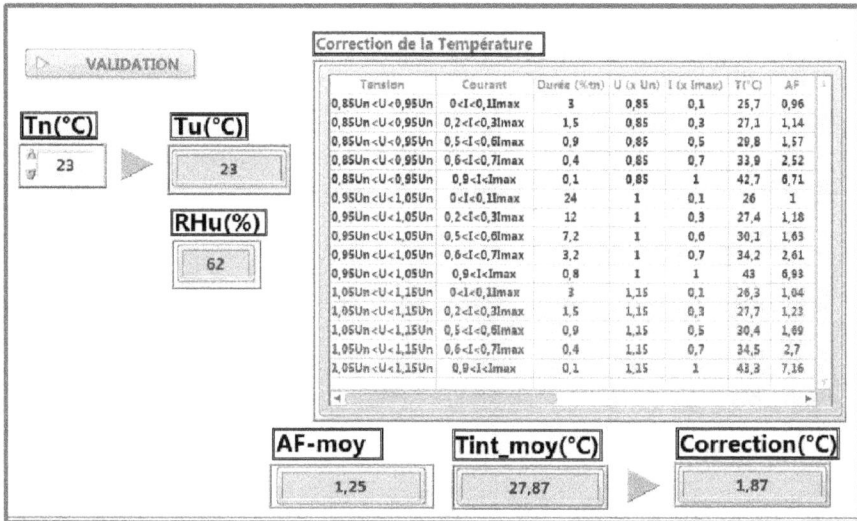

Figure 41 : Facteurs d'accélération d'Arrhenius et correction de la température moyenne annuelle (mode de panne 2)

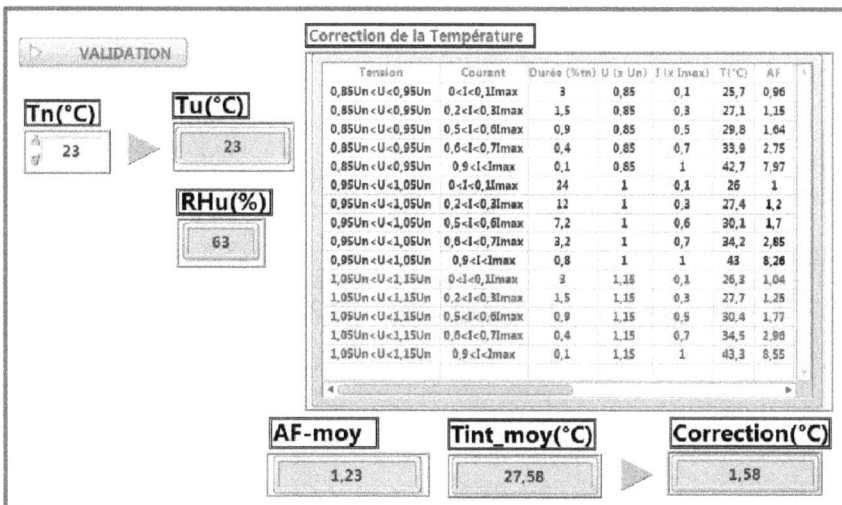

Correction de la Température

Tension	Courant	Durée (%tn)	U (x Un)	I (x Imax)	T(°C)	AF
0,85Un<U<0,95Un	0<I<0,1Imax	3	0,85	0,1	25,7	0,96
0,85Un<U<0,95Un	0,2<I<0,3Imax	1,5	0,85	0,3	27,1	1,15
0,85Un<U<0,95Un	0,5<I<0,6Imax	0,9	0,85	0,5	29,8	1,64
0,85Un<U<0,95Un	0,6<I<0,7Imax	0,4	0,85	0,7	33,9	2,75
0,85Un<U<0,95Un	0,9<I<Imax	0,1	0,85	1	42,7	7,97
0,95Un<U<1,05Un	0<I<0,1Imax	24	1	0,1	26	1
0,95Un<U<1,05Un	0,2<I<0,3Imax	12	1	0,3	27,4	1,2
0,95Un<U<1,05Un	0,5<I<0,6Imax	7,2	1	0,6	30,1	1,7
0,95Un<U<1,05Un	0,6<I<0,7Imax	3,2	1	0,7	34,2	2,85
0,95Un<U<1,05Un	0,9<I<Imax	0,8	1	1	43	8,26
1,05Un<U<1,15Un	0<I<0,1Imax	3	1,15	0,1	26,3	1,04
1,05Un<U<1,15Un	0,2<I<0,3Imax	1,5	1,15	0,3	27,7	1,25
1,05Un<U<1,15Un	0,5<I<0,6Imax	0,9	1,15	0,5	30,4	1,77
1,05Un<U<1,15Un	0,6<I<0,7Imax	0,4	1,15	0,7	34,5	2,96
1,05Un<U<1,15Un	0,9<I<Imax	0,1	1,15	1	43,3	8,55

VALIDATION

Tn(°C) 23 Tu(°C) 23 RHu(%) 63

AF-moy	Tint_moy(°C)	Correction(°C)
1,23	27,58	1,58

Figure 42 : Facteurs d'accélération d'Arrhenius et correction de la température moyenne annuelle (mode de panne 3)

Annexe G :

Extrapolation des TTF pour chaque mode de panne

Mode de panne 2 ▾

TTF (Hr)	TTF extrapolés (Hr)	Contraintes (T(°C) -- RH(%))	Défauts de fiabilité
46	9896	70 -- 80	0,067
85	18287	70 -- 80	0,1623
89	19148	70 -- 80	0,2586
97	20869	70 -- 80	0,3551
74	13610	70 -- 75	0,067
87	16001	70 -- 75	0,1623
100	18391	70 -- 75	0,2586
87	13531	70 -- 70	0,067
140	21774	70 -- 70	0,1623
178	27684	70 -- 70	0,2586
183	28461	70 -- 70	0,3551
192	29861	70 -- 70	0,4517
127	17180	65 -- 80	0,067
140	18939	65 -- 80	0,1623
180	24350	65 -- 80	0,2586
218	29491	65 -- 80	0,3551
274	14046	55 -- 80	0,067
324	16609	55 -- 80	0,1623
407	20864	55 -- 80	0,2586
514	26349	55 -- 80	0,3551
527	27016	55 -- 80	0,4517

Figure 43 : Tableau d'extrapolations des instants de défaillances du mode de panne 2 dans les conditions d'utilisation normale

Extrapolation des TTF pour chaque mode de panne

Mode de panne 3 ▾

TTF (Hr)	TTF extrapolés (Hr)	Contraintes (T(°C) -- RH(%))	Défauts de fiabilité
60	42523	70 -- 80	0,067
70	49610	70 -- 80	0,1623
74	52445	70 -- 80	0,2586
77	54571	70 -- 80	0,3551
96	68037	70 -- 80	0,4517
97	68746	70 -- 80	0,5483
100	70872	70 -- 80	0,6449
74	36491	70 -- 75	0,067
110	54243	70 -- 75	0,1623
114	56216	70 -- 75	0,2586
117	57695	70 -- 75	0,3551
126	62133	70 -- 75	0,4517
129	63612	70 -- 75	0,5483
127	42498	70 -- 70	0,067
137	45844	70 -- 70	0,2586
140	46848	70 -- 70	0,3551
185	61906	70 -- 70	0,4517
190	63579	70 -- 70	0,5483
195	65252	70 -- 70	0,6449
127	54265	65 -- 80	0,067
150	64093	65 -- 80	0,2586
154	65802	65 -- 80	0,3551
157	67084	65 -- 80	0,4517
203	86739	65 -- 80	0,5483

Figure 44 : Tableau d'extrapolations des instants de défaillances du mode de panne 3 dans les conditions d'utilisation normale

www.ingramcontent.com/pod-product-compliance
Lightning Source LLC
Chambersburg PA
CBHW021117210326
41598CB00017B/1471